원소가
뭐길래

일러두기

1. 원소 이름은 대한화학회 표기법을 따랐습니다. 다른 이름과 함께 쓰이는 경우 본문에 설명을 덧붙였습니다.
2. 원소 발견자, 발견 연도, 어원, 원자량, 밀도, 원자 반지름 등 원소와 관련된 각종 정보는 영국 왕립화학회의 공식 자료를 참고했습니다.
3. 인공 원소의 경우 본문에 삽입된 표의 원자량 항목에 측정값이 아닌 예측값을 표기했습니다.

일상 속 흥미진진한 화학 이야기

장홍제 지음

다른

차례

1장 전형원소

2장 전이원소

3장 란타넘족과 악티늄족

란타넘족

인류, 생존, 그리고 과학

인류의 발생과 진화에 관한 이론은 여러 가지가 있지만, 약 300만 년 전 오스트랄로피테쿠스(Australopithecus)가 오늘날의 인간으로 진화했다는 설이 가장 일반적이다. 이에 따르면 원시 인류는 현생 인류와 같은 '인간'이라고 보기 어려울 정도로 너무나 약한 존재였다. 날카로운 이빨과 발톱, 강인한 체력을 가진 육식 동물뿐만 아니라 뿔, 갑각 등으로 몸을 보호하는 초식 동물에게도 우위를 차지할 수 없었고, 독이나 보호색을 쓰는 식물과 곤충에 비해서도 특별히 나을 것이 없었다. 스스로를 '만물의 영장'이라 일컫는 현생 인류와 달리 원시 인류는 자연에 순응하며 살아가는 것 외에 선택의 여지가 없었다.

그런데 수십만 년이 지나는 동안 인류는 강력한 무기를 갖게 된다. 바로 '생각'이다. 인류는 수많은 진화의 갈림길에서 생각을 거듭 발전시킨 덕분에 적자생존의 법칙을 넘어 오늘날에 이르렀다. 자연 현상을 관찰하고, 수의 많고 적음을 인식하고, 몸과 도구를 효과적으로 활용하고, 다양한 생물체의 존재를 인지하면서 뒷날 천문학, 수학, 물리학,

생물학 등으로 일컬어지는 과학의 기초를 세웠다. 또한 '불'을 발견하고 사물의 연소 작용을 깨달으면서 화학이라는 학문의 불씨를 피웠다.

선사 시대와 원소

이렇게 탄생한 과학을 발전시키는 동안 원시 인류는 뇌 용량 증가로 대표되는 진화를 거듭한다. 호모 하빌리스(Homo habilis, 재주 있는 사람), 호모 에렉투스(Homo erectus, 곧게 선 사람), 네안데르탈인(Neanderthal man), 호모 사피엔스(Homo sapiens, 지혜로운 사람), 호모 사피엔스 사피엔스(Homo sapiens sapiens, 아주 지혜로운 사람)를 거쳐 현생 인류까지 300만 년에 달하는 진화의 대장정을 이룬 것이다. 가족이나 혈족 단위로 모여 유목 생활을 하던 인류는 한곳에 정착해 군집 사회를 형성하고 사회, 종교, 계급 등 고차원적인 문화·정치 체계를 발전시킨다('정착 생활'과 '종교의 탄생' 중 무엇이 먼저인지는 아직까지 불확실하다). 이 과정에서 현상을 관찰하고 해석하는 '과학'보다 실생활에 활용하는 '기술'의 중요성이 부각된다.

인류는 정착 생활을 하면서 자연을 이루는 다양한 물질을 발견한다. 초기 정착기에 발견한 물질 중 대표적인 것이 금(Au)이다. 금은 연성이 뛰어나 제련 기술이 발전하지 않은 당시에도 쉽게 가공할 수 있었는데, 내구성이 약해 무기보다는 장식물에 활용되었다. 이러한 장식물은 사람들을 계급적, 종교적으로 서열화하는 데 쓰였다. 금은 인류가 지각을 구성하는 물질에 관심을 가지는 계기가 된 물질이기도 하다. 인류 문명의 새로운 장을 열게 한 원소라고 해도 지나친 말이 아니다.

사람들은 곧이어 암석과 지각으로부터 구리(Cu)와 주석(Sn)을 발견해 활용했다. 초기 문명기에는 최초의 합금인 청동(구리와 주석의 합금)을 모닥불로 제련해 만들기도 했다(석기 시대와 청동기 시대는 재료, 즉 원소 활용에 따른 기술사적 구분이기에 정치, 경제, 문화 전반을 기준으로 한 시대 구분과는 일치하지 않는다. 예를 들어 한반도의 고조선 시대는 청동기 시대로 알려져 있으나 실제 청동기는 고조선 시대 후기에야 만들어진다). 그리고 기원전 2000년 무렵 히타이트(오늘날의 터키 아나톨리아 지방에 있던 국가)가 최초로 철기를 생산하면서 철기 시대가 열린다. 무역로가 끊겨 주석을 수입하기 어려워진 히타이트가 생활 전반에 이용하던 청동기를 제작하지 못하게 되자 울며 겨자 먹기로 철기를 만들기 시작한 것이다. 그러나 당시에는 제련 기술이 부족해 철기의 강도가 청동기와 다를 바 없었고, 널리 사용되지 못했다. 철은 기원전 1세기에 이르러서야 제대로 활용된다.

동양의 철기 문화는 철 함유량이 높은 운석(운철)으로 제기(祭器, 제사에 사용하는 그릇)를 만들면서 시작된다. 상당한 양의 철이 매장되어 있는 한반도는 고조선 시대인 기원전 4세기 무렵 중국을 통해 철기 문화가 보급된 이후 무기와 농기구를 철기로 대체한다. 이로 인해 무력과 생산력이 향상되면서 부여, 고구려, 동예, 옥저 그리고 삼한이 건국된다. '산업의 쌀'로 불리는 철은 오늘날까지도 가장 많이 활용되는 금속이다. 그래서 현대를 철기 시대의 연장으로 보기도 한다. 반면 현대 사회를 이끄는 물질인 반도체의 주재료, 규소(Si)가 모래에서 추출되므로 오늘날을 또 다른 석기 시대로 보는 이들도 있다.

인류 역사의 99%를 차지하는 석기 시대 외의 나머지 1%에 해당하는 시간 동안 수많은 문명이 등장하고 사라졌다. 그리고 물질의 활용은 문명을 구분하는 데 큰 역할을 해 왔다. 물질, 즉 원소에 대한 관심은 석기 시대, 청동기 시대, 철기 시대 내내 이어진다.

연금술과 연단술

고대 그리스 시대에는 세상의 모든 것은 근원적인 요소들로 구성되어 있다는 의식이 생겨난다. 고대 그리스의 철학자이자 정치가인 엠페도클레스(Empedocles)가 '세상은 흙, 물, 공기, 불로 이루어져 있다'는 4원소설을 주장하면서 초기 원소설이 꽃핀다. 여기에 플라톤(Platon)이 데모크리토스(Democritos)의 원자설(모든 물질은 '원자'라는 아주 작은 입자들로 이루어진다는 이론)을 덧붙이고 아리스토텔레스(Aristotle)가 보완하여 고대 4원소설을 완성한다. 이렇게 만들어진 4원소설은 근대 화학이 탄생하기 전까지 원소에 관한 핵심 이론으로 받아들여진다(고대 4원소설의 '흙, 물, 공기, 불'은 현대 화학의 '고체, 액체, 기체, 플라스마'와 짝지을 수 있다고 주장하는 학자도 있다. 플라스마는 매우 높은 온도에서 음전하를 띤 전자와 양전하를 띤 이온으로 분리된 상태다).

이후 고대 그리스 문명이 발달하고 지중해 무역이 활발해지면서 4원소설은 이슬람 문화권을 거쳐 동양까지 전파된다. 그러면서 여러 원소설이 탄생한다. 이슬람 세계 최초의 연금술사 자비르 이븐 하이얀(Jābir ibn Hayyān)의 4성질설(뜨거움, 차가움, 습함, 건조함), 고대 인도의 5요소설(흙, 물, 불, 공기, 공간), 동양의 오행(불, 물, 나무, 금속, 흙) 등이 대표적이다. 이처럼 인류는 동서양을 막론하고 원소라는 개념을 비슷하게 이해했다. 그리고 원소에 대한 이해는 물질의 활용 방법을 찾는 기술자와, 세상을 종교적으로 숭배하는 대신 구성 원리를 탐구하는 과학자(당시에는 철학자)를 탄생시킨다.

그렇게 원소의 개념이 발달하던 기원전 3세기 무렵 유럽과 이슬람 문화권에는 연금술(鍊金術, Alchemy)의 시대가 열린다. 연금술은 값싸고 흔한 금속을 금으로 바꾸는 기술로, 당시 정설로 받아들여지던 4원소설에 뿌리를 둔다. 세상의 모든 물질은 4개 요소로 이루어져 있으니 요소들의 비율만 잘 조절하면 무엇이든 원하는 물질로 바꿀 수 있다는 것이다. 이러한 연금술은 황금을 얻으려는 고대 이집트의 적극적인 시도가 더해지면서 더욱 발전한다(고대 이집트에서는 주석이 출토되지 않는 대신 금을 비교적 손쉽게 구할 수 있었다. 그래서 일찍부터 금의 활용에 많은 관심을 가졌다).

본래 연금술은 개인의 부와 명예를 추구하는 학문이 아니다. 상대적으로 가치가 낮은 금속들을 '가장 완벽한 금속'으로 바꾸며 영혼을 단련하는 의식이다. 과학과 종교가 혼합된, 고대 철학과 근대 화학의 과도기적인 학문인 것이다. 물론 결과적으로 금을 만들어 내지 못했고 중세에는 숭고한 목적조차 변질되지만, 연금술은 원소 연구와 화학의 발전을 앞당겼다.

비슷한 시기인 기원전 4세기 무렵 중국에는 오행에 바탕을 둔 연단술(鉛丹術)이 등장한다. 이는 불로장생약인 '금단'을 만드는 기술로, 금단은 서양 연금술의 '현자의 돌(무엇이든 금으로 바꾸는 궁극의 물질)'에 해당한다. 도인들이 주도한 연단술은 영원한 통치를 꿈꾼 진시황과 한무제에 의해 수세기 동안 국가적인 주력 연구 분야로 자리매김한다. 하지만 당나라 2대 태종, 11대 헌종, 12대 목종을 비롯한 수많은 왕이 원인 모를 중독으로 목숨을 잃으며 파국에 이른다.

연금술과 연단술 모두 목적을 달성하지는 못했지만, 그 과정에서 여러 물질이 발견된다. 대표적인 원소가 '불타오르는 돌'이라고 불린 황(S)과 '흐르는 금속'이라고 불린 수은(Hg)이다.

화학의 시대

수세기 동안 연금술을 연구하는 과정에서 연금술사들은(또는 초기 화학자들은) 수많은 원소를 발견한다. 그리고 이렇게 발견한 원소의 특징을 파악하고 분석하는 과정에서 과학적인 접근법과 분석 기술이 발달한다. 시대적인 관심도 연금술에서 물질 연구로 옮겨 간다. 그러면서 플로지스톤(phlogiston, 17세기 말부터 18세기 초에 가연성 물질과 금속에 포함돼 있다고 믿었던 물질), 산소와 연소 반응, 코발트(Co)의 염료 활용, 광물로부터 니켈(Ni)과 텅스텐(W) 추출 등 실용적이고 근원적인 연구가 활발하게 이루어진다.

이처럼 단순히 물질을 발견하는 데서 나아가 원소의 특성을 파악하고, 원소 간의 반응을 유도하고, 실생활에 어떻게 활용할지 분석하면서 화학이라는 학문이 만들어진다. 이 과정에서 원소보다 실재적인 아주 작은 구성단위로서 '원자(atom)'의 개념이 도입된다. 이는 '더 이상 나눌 수 없다'는 뜻의 그리스어 'atomos'에서 유래한 개념인데, 현대 화학에 이르면 어원과 달리 원자는 전자, 중성자, 양성자로 나뉘고 쿼크(quark)와 글루온(gluon)이라는 미소 입자로 구성된다는 사실이 밝혀진다. 원자(이에 해당되는 원소)의 물리적, 화학적 특성들은 전자로 인해 생기며 전자의 배치가 유사한 원소들은 공통적인 특성을 보이기도 한다는 사실 역시 밝혀진다.

'주기율표의 아버지'이자 '화학의 아버지'로 불리는 드미트리 이바노비치 멘델레예프(Dmitri Ivanovich Mendeleev)는 이러한 이론적인 배경 없이 직감과 관찰만으로 1869년 최초로 주기율표를 보고한다. 그리고 이는 화학과 물리학에 엄청난 영향을 미친다. 멘델레예프는 당시 발견된 원소뿐만 아니라 발견되지 않은 원소들의 특징까지 예측해 주기율표를 만들었는데, 나중에 발견되는 원소들의 특징과 정확히 들어맞아 세상을 놀라게 한다. 이 주기율표는 화학을 과학으로 분류하는 시작점으로 평가받기에 그 의미가 크다.

왜 원소인가

많은 연구와 검증 끝에 오늘날에는 총 118개의 원소가 존재하는 것으로 밝혀졌다. 화학 전문가 특히 무기화학을 공부하는 학자가 아닌 이상 118개나 되는 원소를 다 알기란 어렵기 때문에 삶과 동떨어진 이야기로만 느껴질 수도 있다. 그러나 발견된 지 얼마 되지 않은 몇몇 원소를 제외한 100여 개의 원소는 알게 모르게 우리 삶에 밀접하게 활용되고 있다. 생존의 도구로 시작해 탐구의 대상이 되어 온 원소들이 여전히 생존과 문명의 한 축을 담당하고 있는 것이다.

지금부터는 인간과 지구, 그리고 우주를 구성하는 기본 단위인 원소에 대해 알아보려 한다. 원소에 얽힌 흥미진진한 이야기를 따라가다 보면 일상의 풍경이 다르게 보일 것이다.

용어 설명

원자

원자는 원소를 구성하는 가장 작은 입자다. 크기가 너무 작아서 눈으로 볼 수 없기 때문에 '원자 모형'으로 개념화해 이해한다. 원자는 양성자와 중성자로 이루어진 '원자핵'과, 그 주위를 구름처럼 둘러싸고 있는 '전자'로 구성된다. 양성자와 중성자는 쿼크라는 미소 입자로 이루어진다. 원자핵의 크기는 원자의 $\frac{1}{100000}$에 불과하므로 사실상 원자의 크기는 전자구름의 크기에 따라 결정된다. 전자구름은 전자를 밖으로 내줄 수도, 받을 수도 있다. 그러면서 다양한 화학 반응과 특성 변화가 일어난다. 118개의 원소는 각각 다른 개수의 전자, 양성자, 중성자를 가지고 있으며, 이에 따라 원소의 성질이 결정된다.

원자 번호

'원자 번호'는 원소를 간단하게 구별하는 대표적인 방법이다. 원자 바깥쪽에 분포하는 전자는 개수가 늘기도 하고 줄기도 하지만, 원자 중앙에 있는 원자핵, 즉 양성자와 중성자는 일반적으로 개수가 바뀌지 않는다. 그래서 원자의 양성자 수를 원자 번호(Z)로 사용한다. 모든 원소는 서로 다른 원자 번호를 가지고 있다.

원자 반지름

원소의 물리적, 화학적 특성은 저마다 매우 다른데, 가장 간단하게 수치화해 비교할 수 있는 것은 원자의 크기와 질량이다. 원자의 크기

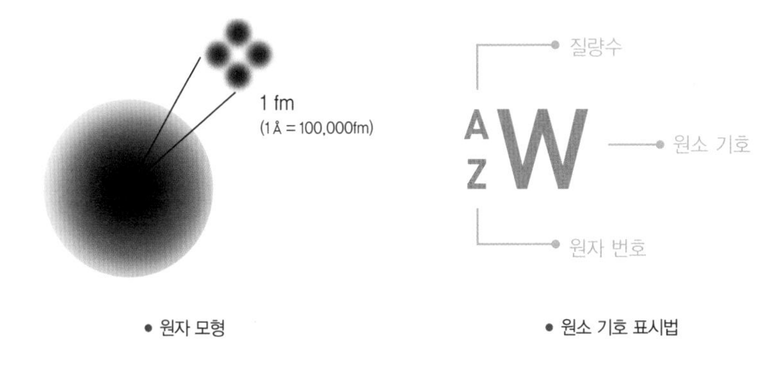

• 원자 모형

• 원소 기호 표시법

를 설명하는 데는 지름이 사용되지만, 원자의 부피나 표면적 등을 고려해야 하는 상황도 있기 때문에 지름보다는 반지름이 더 많이 쓰인다. 원자는 크기가 매우 작기 때문에 10^{-10}m를 뜻하는 옹스트롬(Å)을 원자 반지름 단위로 사용한다.

질량수

질량(mass)은 물질이 가진 고유한 물리량이다. 킬로그램(kg) 단위를 주로 사용하는데, 우리가 일상적으로 사용하는 무게(weight)와는 다르다. 중력의 영향을 받는 무게는 지구와 달에서, 또는 다른 행성에서 모두 다르게 측정되지만, 질량은 고유한 물리량이기 때문에 어디서나 같다. 원자의 경우 양성자와 중성자의 질량은 개당 1.67×10^{-27}kg으로 동일하고, 전자는 양성자의 $\frac{1}{1836}$에 불과하다. 결국 원자의 질량을 결정하는 가장 중요한 요소는 양성자와 중성자이므로 양성자 수(Z)와 중성자 수(N)를 합해 '질량수(A)'라고 한다. 질량수는 동위원소를 구분하는 데 쓰인다.

동위원소

앞서 살펴본 것처럼 원자 번호는 양성자가, 원소의 특성은 전자가, 질량은 양성자와 중성자가 결정한다. 그렇다면 중성자는 무엇을 결정할까. 양성자 수와 전자의 수는 같지만 중성자의 수가 다른 원소를 '동위원소(isotope)'라고 한다. 원자 번호가 같고 특성도 같지만, 질량과 안정성이 다른 원소인 것이다. 자연계에는 여러 동위원소가 존재하며, 지질의 연대 측정, 의료, 방사능 등 다양한 분야에서 사용된다.

원자량

'원자량'은 말 그대로 원자의 질량을 말한다. 앞서 살펴본 질량수와는 다르다. 원자량은 자연계에 존재하는 동위원소들의 비율까지 모두 고려한 값이다. 일상적으로 더 많이 사용되는 용어다.

주기율표

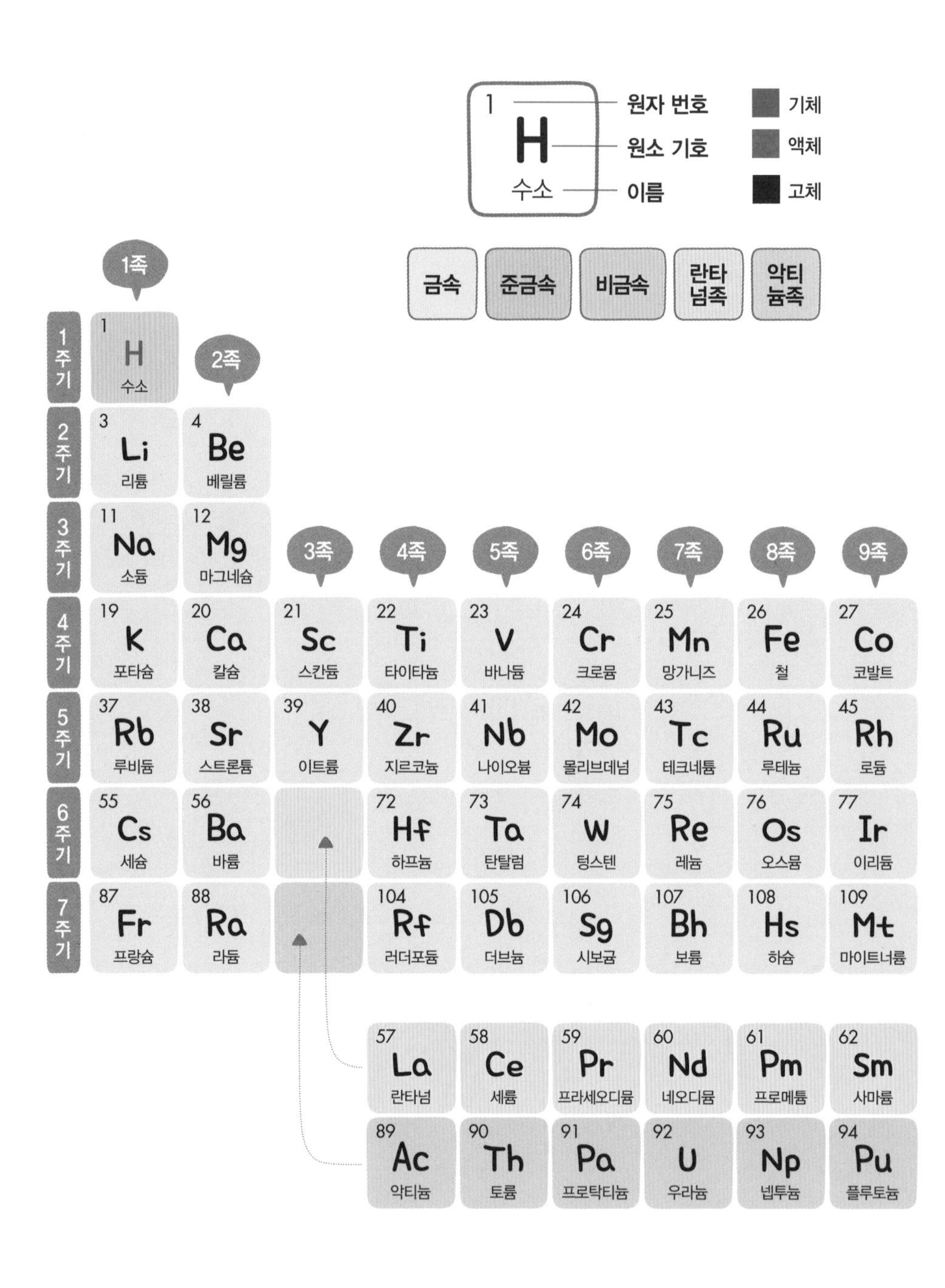
1
H
수소
원자 번호
원소 기호
이름
기체
액체
고체
금속
준금속
비금속
란타넘족
악티늄족
1족
2족
3족
4족
5족
6족
7족
8족
9족
1주기
2주기
3주기
4주기
5주기
6주기
7주기
1 H 수소
3 Li 리튬
4 Be 베릴륨
11 Na 소듐
12 Mg 마그네슘
19 K 포타슘
20 Ca 칼슘
21 Sc 스칸듐
22 Ti 타이타늄
23 V 바나듐
24 Cr 크로뮴
25 Mn 망가니즈
26 Fe 철
27 Co 코발트
37 Rb 루비듐
38 Sr 스트론튬
39 Y 이트륨
40 Zr 지르코늄
41 Nb 나이오븀
42 Mo 몰리브데넘
43 Tc 테크네튬
44 Ru 루테늄
45 Rh 로듐
55 Cs 세슘
56 Ba 바륨
72 Hf 하프늄
73 Ta 탄탈럼
74 W 텅스텐
75 Re 레늄
76 Os 오스뮴
77 Ir 이리듐
87 Fr 프랑슘
88 Ra 라듐
104 Rf 러더포듐
105 Db 더브늄
106 Sg 시보귬
107 Bh 보륨
108 Hs 하슘
109 Mt 마이트너륨
57 La 란타넘
58 Ce 세륨
59 Pr 프라세오디뮴
60 Nd 네오디뮴
61 Pm 프로메튬
62 Sm 사마륨
89 Ac 악티늄
90 Th 토륨
91 Pa 프로탁티늄
92 U 우라늄
93 Np 넵투늄
94 Pu 플루토늄

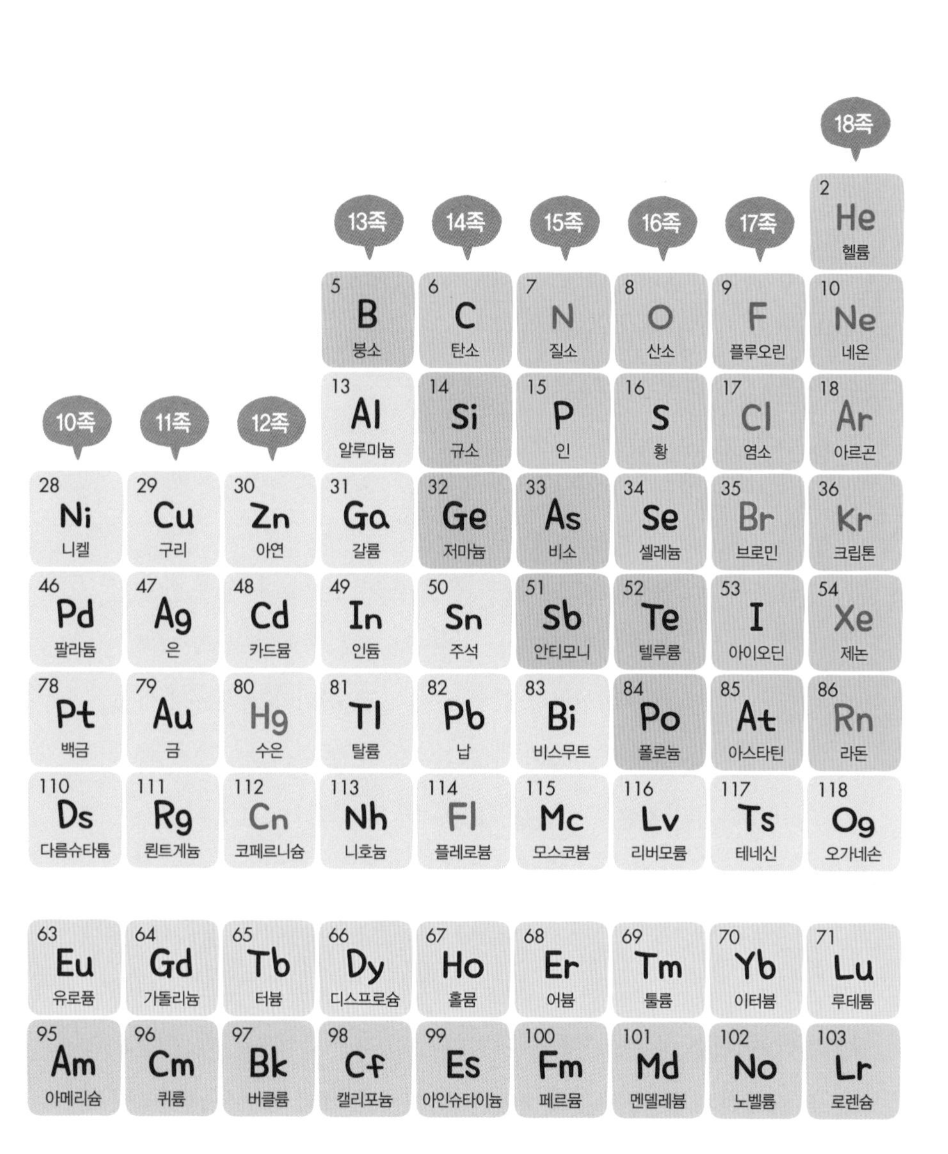
18족
2 He 헬륨
13족
14족
15족
16족
17족
5 B 붕소
6 C 탄소
7 N 질소
8 O 산소
9 F 플루오린
10 Ne 네온
13 Al 알루미늄
14 Si 규소
15 P 인
16 S 황
17 Cl 염소
18 Ar 아르곤
10족
11족
12족
28 Ni 니켈
29 Cu 구리
30 Zn 아연
31 Ga 갈륨
32 Ge 저마늄
33 As 비소
34 Se 셀레늄
35 Br 브로민
36 Kr 크립톤
46 Pd 팔라듐
47 Ag 은
48 Cd 카드뮴
49 In 인듐
50 Sn 주석
51 Sb 안티모니
52 Te 텔루륨
53 I 아이오딘
54 Xe 제논
78 Pt 백금
79 Au 금
80 Hg 수은
81 Tl 탈륨
82 Pb 납
83 Bi 비스무트
84 Po 폴로늄
85 At 아스타틴
86 Rn 라돈
110 Ds 다름슈타튬
111 Rg 뢴트게늄
112 Cn 코페르니슘
113 Nh 니호늄
114 Fl 플레로븀
115 Mc 모스코븀
116 Lv 리버모륨
117 Ts 테네신
118 Og 오가네손
63 Eu 유로퓸
64 Gd 가돌리늄
65 Tb 터븀
66 Dy 디스프로슘
67 Ho 홀뮴
68 Er 어븀
69 Tm 툴륨
70 Yb 이터븀
71 Lu 루테튬
95 Am 아메리슘
96 Cm 퀴륨
97 Bk 버클륨
98 Cf 캘리포늄
99 Es 아인슈타이늄
100 Fm 페르뮴
101 Md 멘델레븀
102 No 노벨륨
103 Lr 로렌슘

족과 주기

주기율표는 어떤 기준에 따라 구성된 걸까? 가장 핵심적인 기준은 바로 '족(group)'과 '주기(period)'다. 국제순수응용화학연합회(IUPAC)가 족과 주기를 주기율표 표기 기준으로 결정하면서 대부분의 사람이 이를 바탕으로 원소를 분류하고 있다.

주기는 주기율표의 가로줄이다. 같은 주기의 원소들은 전자가 배치되는 껍질의 수가 같다. 원소의 크기와 특징을 좌우하는 가장 중요한 요소는 바로 전자다. 전자는 원자핵 가까운 곳부터 차곡차곡 배치되며 양파처럼 '전자껍질'을 이룬다. 이때 전자껍질의 번호를 '주양자수'라고 한다. 현재 우리가 일반적으로 사용하는 주기율표에는 1주기부터 7주기까지 총 7개의 가로줄이 있는데, 가로줄은 각각 1부터 7까지의 주양자수를 뜻한다. 즉 같은 전자껍질 번호를 가진 원소들은 같은 가로줄에 놓인 것이다.

족은 주기율표의 세로줄이다. 같은 족에 속한 원소들은 가장 바깥쪽 전자껍질에 같은 개수의 전자가 있다(1족은 1개, 2족은 2개, 13족은 3개 등). 원소는 이처럼 가장 바깥쪽에 위치한 전자, 즉 최외각 전자들에 의해 다양한 물리적, 화학적 특성이 나타나는데, 이 때문에 같은 족의 원소들은 비슷하거나 같은 특성들을 나타낸다. 대표적인 예로 1족 원소들은 공통적으로 물과 격렬히 반응하며 폭발하는 성질을 가지고 있다. 11족 원소들은 독성이 낮고 광채가 있어 귀금속으로 사용되며, 17족 원소들은 유해성이 높고, 18족 원소들은 아주 안정한 기체 상태를 유지한다. 이처럼 비슷한 성질을 가지다 보니 같은 족에 해당하는 원소들은 유사하게 활용된다. 이 책에서 우리는 118개의 원소를 족별로 분류해 특징과 기능을 살펴볼 것이다.

오비탈

원소들은 족과 주기 외에 또 다른 집단으로도 나누어 볼 수 있다. 전자들이 어떠한 공간을 차지하고 있는가에 따라 '전형원소('주족원소'라고도 한다)', '전이원소('전이금속'이라고도 한다)', '란타넘족', '악티늄족'으로 나뉜다.

확률적으로 전자가 존재할 수 있는 공간을 양자역학적으로 계산해 얻은 결과를 '오비탈(orbital)'이라고 한다. 쉽게 말해 '전자가 들어갈 수 있는 방들'이다. 오비탈의 각 방에는 전자가 2개씩 들어갈 수 있는데, 방의 개수는 오비탈의 종류에 따라 달라진다. 오비탈에는 방이 1개 있는 s 오비탈, 방이 3개 있는 p 오비탈, 방이 5개 있는 d 오비탈, 방이 7개 있는 f 오비탈이 있다. 이중 전자가 s 오비탈에 들어가는 1~2족과 p 오비탈에 들어가는 13~18족을 전형원소라고 하고, d 오비탈에 들어가는 3~12족을 전이원소라고 한다. 란타넘족과 악티늄족은 전자가 f 오비탈에 채워지는 원소들이다.

이처럼 주기율표는 여러 기준을 복합적으로 적용한 결과다. 다양한 원소를 최대한 체계적으로 분류하려는 수많은 노력과 시도의 결정체라 할 수 있다.

1장

전형원소

Typical element

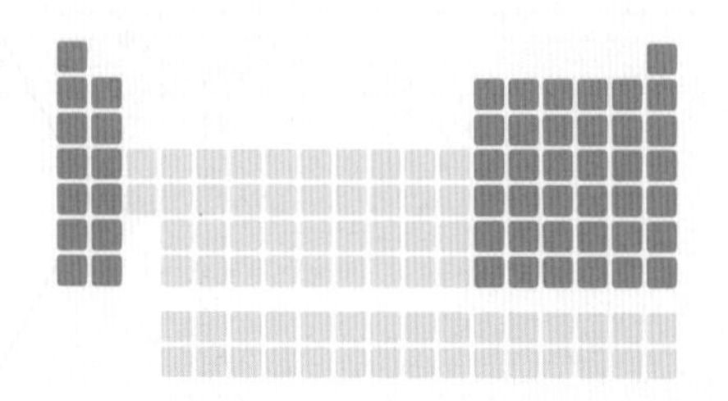

전형원소(typical element)는 족별로 유사한 특징을 보인다.

1족은 수소(H), 리튬(Li), 소듐(Na), 포타슘(K), 루비듐(Rb), 세슘(Cs), 프랑슘(Fr)이다. 수소를 제외한 1족 원소는 '알칼리 금속(alkali metal)'이라고 불린다. 기체인 수소 외의 나머지 1족 원소는 모두 상온에서 금속 상태로 존재하며, 물과 반응해 염기성 용액을 생성한다.

2족은 베릴륨(Be), 마그네슘(Mg), 칼슘(Ca), 스트론튬(Sr), 바륨(Ba), 라듐(Ra)으로, '알칼리 토금속(alkali earth metal)'이라고 불린다. 1족 알칼리 금속과 3족 희토류 원소의 중간 성질을 띠기 때문에 붙은 이름이다. 알칼리 금속처럼 은색의 광택이 있는 무른 금속이며, 물과 반응해 염기성 용액을 생성하지만 반응성(화학 반응이 일어나는 정도)이 낮아 폭발하지는 않는다.

13족은 붕소(B), 알루미늄(Al), 갈륨(Ga), 인듐(In), 탈륨(Tl), 니호늄(Nh)이다. '붕소족(boron group)' 또는 '아이코사젠(icosagen)', '트라이엘스(triels)'라고 불린다. 최외각에 3개의 전자가 있어 다양한 화합물을 만든다.

14족은 탄소(C), 규소(Si), 저마늄(Ge), 주석(Sn), 납(Pb), 플레로븀(Fl)이다. '탄소족(carbon group)' 또는 '테트라젠(tetragen)' 또는 '크리스탈로젠(crystallogen)'으로 불린다. 4개의 최외각 전자를 가지고 있어 13족 원소보다 다양하게 결합할 수 있다. 대표적인 예로 탄소 동소체(같은 원소로 구성되어 있지만 분자식이나 구조가 다른 물질)인 흑연, 나노튜브, 그래핀, 다이아몬드 등이 있다. 14족은 기원전부터 사용된 원소가 많고(탄소, 주석, 납) 자연에 많이 분포돼 있다. 오늘날 반도체와 전자 재료를 비롯해 다양한 분야에서 쓰인다.

15족은 질소(N), 인(P), 비소(As), 안티모니(Sb), 비스무트(Bi), 모스코븀(Mc)으로, '질소족(nitrogen group)' 또는 '닉토젠(pnictogen)'으로 불린다. 닉토젠은 '숨 막힌다'는 뜻의 그리스어 'pnigein'과 '만들다'라는 뜻의 'genes'를 결합한 합성어로, '질식시키는 기체'라는 뜻을 가진 질소의 특성에서 유래했다.

16족은 산소(O), 황(S), 셀레늄(Se), 텔루륨(Te), 폴로늄(Po), 리버모륨(Lv)이다. '산소족(oxygen group)' 또는 '칼코젠(chalcogen)'으로 불린다. 산소족 원소들은 다른 원소와 결합해 수많은 화합물을 형성하기에 산업, 의료 등 여러 분야에서 사용된다.

17족은 플루오린(F), 염소(Cl), 브로민(Br), 아이오딘(I), 아스타틴(At), 테네신(Ts)이다. 이 원소들은 다른 원소와 결합해 염 화합물을 잘 생성하기 때문에 소금이라는 뜻의 그리스어 'halos'와 'genes'를 결합한 '할로젠(halogen)'이라고 부른다. 반응성이 매우 높아 인체에 심각한 피해를 끼치므로 주의해야 한다. 수소 화합물은 강산으로, 금속도 부식시킨다. 수많은 과학자가 17족 원소를 연구하다 목숨을 잃었다.

18족은 헬륨(He), 네온(Ne), 아르곤(Ar), 크립톤(Kr), 제논(Xe), 라돈(Rn), 오가네손(Og)이다. '비활성 기체(noble gas)'라고 불린다. 다른 원소와 거의 반응하지 않고 모두 기체 상태로 존재한다.

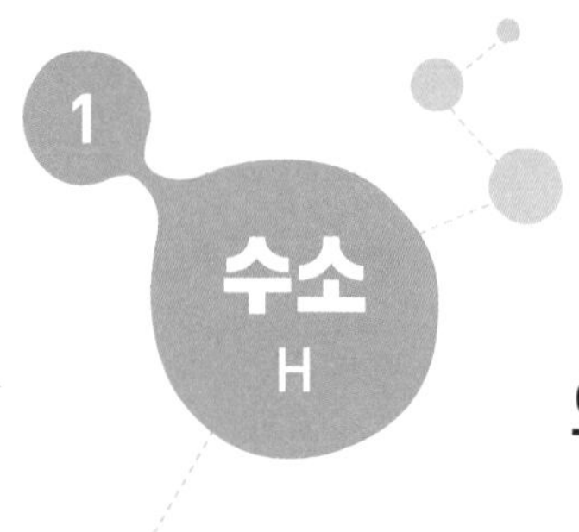

우주와 생명의 근원

1족 알칼리 금속

우주에 가장 많은 원소는 무엇일까? 흥미롭게도 정답은 인간이 아는 모든 원소 중 가장 가볍고, 가장 낮은 원자 번호를 가진 수소(hydrogen)다. 수소는 우주의 90%를 구성하고 있으며, 우주와 생명의 근원이라고 할 만큼 중요한 역할을 한다.

빅뱅으로 탄생한 초기 우주의 대부분은 수소와 헬륨으로 채워져 있었다. 그 뒤 수소는 태양 에너지의 원리로 알려져 있는 핵융합(가벼운 원자핵이 고온에서 융합해 무거운 원자핵이 되며 에너지를 만들어 내는 것)을 거쳐 많은 열과 에너지를 내며 더욱 무거운 원소들로 바뀐다. 그러면서 다양한 물질과 행성이 탄생한다. 그래서 태양을 비롯한 여러 행성에는 여전히 수소가 많다. 특히 태양계 행성인 목성은 거의 수소로 이루어져 있다.

수소는 '물'을 뜻하는 그리스어 'hydro-'라는 어원에서 알 수 있듯 지구 생명의 뿌리이자 필수 화합물인 물을 만들어 낸다. 생명체, 특히 인간은 몸의 약 70%가 물로 이루어져 있고, 단백질, 탄수화물, 지방 등의 생체 물질 역시 수소를 포함하고 있으므로 수소는 생명의 핵심 요소라고 할 수 있다.

● 세계 최초의 수소 폭탄, 아이비 마이크(1952년).

수소 폭탄

우리가 일반적으로 알고 있는 가장 위험한 전쟁 무기는 원자 폭탄, 수소 폭탄 등의 핵폭탄이다. 이중 수소 폭탄은 핵융합 원리를 이용한 것으로, 수소의 원자핵을 고온에서 융합해 헬륨 원자핵을 만들 때 발생하는 강력한 에너지를 쓴다. 신체 이상을 유발하는 방사능이 방출되지 않기 때문에 '깨끗한 폭탄'이라고도 한다. 우라늄으로 핵분열을 일으켜 다량의 방사능을 방출시키는 '더러운 폭탄'도 있는데, 그것이 바로 원자 폭탄이다.

수소 자동차

수소는 각종 탈것에도 이용돼 왔다. 공기보다 밀도가 낮은 수소의 성질을 이용해 기구, 비행선 등을 띄운 것이다. 그러나 수소는 작은 마찰에도 폭발할 위험이 있어 오늘날에는 사람이 타는 기구나 비행선에 사용하지 않는다. 대신 미래 자동차 기술에 활용하고 있다. 수소 자동차를 만든 것이다. 수소 자동차는 대기 오염을 일으키는 휘발유, 디젤 자동차의 대안으로 나온 전기 자동차보다도 친환경적이다. 수소를 연료로 하기에 배기가스의 주성분이 물이어서 환경에 미치는 영향이 거의 없다. 우리나라 최초의 수소 자동차는 1993년 개발된 '성균 1호'인데, 효과적이고 저렴한 연료 저장 기술을 개발하지 못해 상용화되지는 못했다.

발견자	헨리 캐번디시(Henry Cavendish)			발견 연도	1766년
어원	'물'을 뜻하는 그리스어 'hydro-'와 '만들다'는 뜻의 'genes'				
특징	불을 만나면 폭발한다.				
사용 분야	연료 전지, 비료, 의약품, 수소 폭탄 등				
원자량	1.008 g/mol	밀도	0.000082 g/cm^3	원자 반지름	1.10 Å

3

리튬
Li

세상에서 가장 가벼운 금속

1족 알칼리 금속

매장량이 적거나, 특정 지역에서만 많이 출토되거나, 채굴이 어려운 금속을 '희유금속(稀有金屬, rare metal)'이라고 한다(희토류는 모두 희유금속에 포함된다). 리튬(lithium)은 대표적인 희유금속으로, 전 세계 매장량의 70% 이상이 아르헨티나, 칠레, 볼리비아 등 남미 지역에 분포해 있다.

리튬 채굴권 문제는 국제적인 관심사다. 2010년에는 일본, 중국, 프랑스 등과 경쟁한 끝에 우리나라가 볼리비아와 리튬 채굴권 협정을 맺었는데 볼리비아가 돌연 리튬 산업 국유화를 선언하며 협정을 파기해 논란이 된 일도 있었다. 도대체 무엇에 쓰는 원소기에 이렇게 많은 관심을 받는 걸까.

리튬 전지

리튬은 세상에 존재하는 금속들 중 가장 가볍다. 비중이 0.534로 물의 절반밖에 안 돼 물에 둥둥 뜬다. 이러한 리튬은 리튬 전지로 대표되는 배터리 분야에서 가장 많이 쓰인다. 무게는 가볍고 발생 전압

• 리튬.

은 높으며 전류 용량은 큰 리튬 전지는 휴대전화와 노트북을 비롯한 전자 제품의 배터리로 널리 사용된다(미래 기술로 주목받는 전기 자동차 배터리의 주축이기도 하다). 원자재를 수입하고 상품을 만들어 수출하는 산업 방식이 큰 비중을 차지하는 우리나라에서 배터리 산업은 반도체 산업, 자동차 산업과 함께 중요한 역할을 하고 있다.

안타깝게도 리튬은 2020년 무렵 고갈될 것으로 전망된다. 그래서 이를 대체하려는 시도가 활발하게 이루어지고 있다.

안전? 위험?

리튬은 알칼리 금속의 시작 원소(수소 제외)로, 알칼리 금속은 물과 만나면 수소를 발생시키며 폭발을 일으킨다. 그래서 종종 리튬 전지가 발화해 폭발하는 사고가 일어나기도 한다. 비행기를 탈 때 전자 제품 사용을 제한하는 것은 이러한 사고를 예방하려는 측면도 있다.

폭발성 때문에 위험하게 느껴지겠지만 리튬은 조울증 치료제로도 사용된다. 리튬을 복용할 경우 자살률이 크게 낮아진다는 연구 결과가 있을 만큼 효과가 탁월하다.

발견자	요한 아우구스트 아르프베드손 (Johan August Arfwedson)			발견 연도	
				1817년	
어원	‘암석’을 뜻하는 그리스어 ‘lithos’(리튬은 돌에 섞여 출토된다)				
특징	물에 닿으면 아주 약하게 폭발한다.				
사용 분야	리튬 전지, 조울증 치료제, 방탄막, 비행기 등				
원자량	6.94 g/mol	밀도	0.534 g/cm^3	원자 반지름	1.82 Å

나트륨일까, 소듐일까?

1족 알칼리 금속

우리는 일반적으로 11번 원소를 '나트륨(natrium)'이라고 부른다. 대중매체에서 한국인의 식습관을 분석할 때 '나트륨의 과다 섭취가 건강을 해친다'는 식으로 자주 언급하기에 익숙하게 듣는 이름이기도 하다. 하지만 고등학교, 대학교 교육 과정에서는 이 원소를 '소듐(sodium)'이라고 가르친다. 그래서 많은 학생이 혼란을 겪으며 무엇이 맞는 이름인지 궁금해한다. 도대체 왜 이런 일이 벌어진 걸까.

11번 원소는 영국의 화학자 험프리 데이비가 탄산수소나트륨(소다, soda)에서 분리해 내면서 1807년 '소듐'으로 처음 보고된다. 하지만 독일이 2차 세계대전 전후로 의학, 화학을 비롯해 과학계 대부분을 지배하면서 화합물 이름을 영어로 짓는 것에 강한 불쾌감을 표현한다. 그리고 고대 이집트에서 탄산나트륨 광물을 'natron'으로 불렀다는 것에 근거해 소듐을 '나트륨'으로 개명한다. 그렇게 11번 원소는 미국이 과학계를 다시 주도할 때까지 나트륨으로 불리고, 이 과

• 석유가 든 유리병 안의 소듐.

정에서 두 개의 이름이 함께 쓰이고 있다. 현재 우리나라에서는 대한화학회(KCS)가 국제순수응용화학연합회의 결정에 따라 '소듐'을 공식적인 이름으로 지정해 사용하고 있다. 원소의 이름은 어느 나라가 얼마만큼의 기술력을 가지고 국제 사회에 영향을 끼치느냐에 따라 결정된다.

리튬보다 강력한 폭발력

소듐 역시 알칼리 금속이기에 물과 만나면 리튬처럼 발열하며 수소를 발생시키고 폭발을 일으킨다. 그런데 반응성과 폭발력은 리튬보다 강하다. 10cm 정도의 소듐 막대를 물에 던지면 3m에 이르는 폭발이 일어난다. 또한 공기에 노출되면 산소와 만나 반응성이 낮은 산화소듐(Na_2O)으로 변한다. 그래서 소듐은 물과 공기에 닿지 않도록 석유에 담가 보관한다.

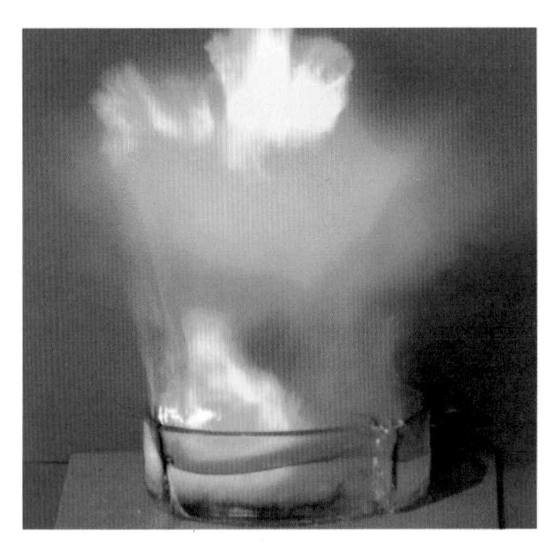

• 소듐과 물이 만나면 강하게 폭발한다.

인류에게 꼭 필요한 원소

우리 몸 안에서 소듐은 포타슘과 함께 뇌로 신경 자극을 전달하며, 세포들의 삼투압을 유지시켜 생존을 돕는다. 소듐은 원자로 냉각재로 활용되는 등 산업적으로도 쓰인다. 리튬 전지를 대체할 차세대 전지로서 소듐 전지 연구도 활발하게 진행되고 있다. 인류의 과거와 현재, 미래를 함께할 원소다.

발견자	험프리 데이비(Humphry Davy)			발견 연도	1807년
어원	소듐: 영어 'soda' 나트륨: 고대 이집트어 'natron'				
특징	물에 닿으면 강하게 폭발한다.				
사용 분야	신경 전달 물질, 원자로 냉각재, 차세대 전지, 염분 공급 등				
원자량	22.990 g/mol	밀도	0.97 g/cm^3	원자 반지름	2.27 Å

칼륨일까, 포타슘일까?

1족 알칼리 금속

19번 원소 역시 국가의 힘이 학계에 미치는 영향을 보여 주는 대표적인 사례다. 이 원소는 험프리 데이비가 식물의 재, 즉 탄산포타슘(potash)에서 분리해 내면서 1807년 '포타슘(potassium)'으로 처음 보고됐으나, 독일 학계가 반발해 탄산칼륨(kali)에서 이름을 딴 '칼륨(kalium)'으로 불렸다. 지금은 다시 '포타슘'이 학계의 공식 명칭으로 채택된 상태인데, 여전히 '칼륨'도 쓰인다. 반면 원소 기호는 독일이 주장한 '칼륨'의 'K'를 사용한다(소듐 역시 원소 기호는 '나트륨'의 'Na'로 표기한다).

포타슘은 리튬과 소듐처럼 물과 반응해 폭발하는데, 반응성은 두 원소보다 훨씬 높다. 포타슘은 손 위에 올려놓기만 해도 손의 수분과 반응해 불이 붙고 폭발하므로 특히 주의해서 다뤄야 한다.

생명의 유지

포타슘은 소듐과 마찬가지로 우리 몸 안에서 세포의 삼투압을 조절한다. 또 소금, 즉 염화소듐과 비슷한 기능을 하기에 소듐을 줄여야 할 경우 소금 대신 염화포타슘(KCl)을 섭취할 수도 있다. 그러나 염화포타슘만으로 염분을 조절하면 신장에 무리가 가므로 염화소듐과 적절히 섞어 사용하는 것이 좋다.

식물의 경우 포타슘은 수분 조절 기능을 한다. 그래서 질소, 인과 함께 비료의 3요소로 꼽힌다. 포타슘은 식물에 많이 함유되어 있으므로 일반적인 식습관을 가진 사람이라면 따로 섭취할 필요가 없다.

• 포타슘.

생명의 정지

포타슘을 너무 많이 섭취하면 신경과 장기에 이상이 생겨 심장마비가 올 수 있다. 염화포타슘 용액을 혈관에 주사하면 심장마비를 일으킨다. '청산가리'라고 불리는 사이안화포타슘(KCN)은 위액에 의해 분해될 때 독성 기체인 사이안화수소(HCN)를 발생시켜 헤모글로빈이 산소를 공급하지 못하게 한다. 물론 독도 잘만 다루면 약이 된다. 염화포타슘은 심장 수술을 할 때 일시적으로 심장을 멈추는 심정지액으로 쓰인다.

발견자	험프리 데이비(Humphry Davy)			발견 연도	1807년
어원	포타슘: '탄산포타슘(potash)' 칼륨: '탄산칼륨(kali)'				
특징	물에 닿으면 강하게 폭발한다.				
사용 분야	저염 소금, 비료, 수술용 심정지액, 안경 렌즈, 세제 등				
원자량	39.098 g/mol	밀도	0.89 g/cm³	원자 반지름	2.75 Å

은백색의 '붉은' 금속

1족 알칼리 금속

1849년 독일의 물리학자 구스타프 키르히호프가 전기 회로에서 정상 전류의 분포를 구하는 '키르히호프의 법칙'을 내놓는다. 1855년 독일의 화학자 로베르트 분젠이 가스버너의 초기 모델인 '분젠 버너'를 개발한다. 그리고 두 사람은 1859년 물질이 내보내거나 흡수하는 빛의 스펙트럼을 재는 '분광기'를 발명하고, 1861년 분광기를 이용해 37번 원소를 발견한다. 불꽃반응이 붉은색이었기에 '붉은색'을 뜻하는 라틴어 'rubidus'에서 따와 '루비듐(rubidium)'이라고 이름 짓는다.

루비듐은 자연계에 금속 상태로 존재하지 않아 광물에서 추출해 내야 한다. 은백색의 광택을 띠며, 알칼리 금속으로서 포타슘보다도 강한 반응성을 보인다. 공기 중의 수분만 닿아도 강하게 폭발하기 때문에 일상에서 활용하기는 어렵다. 다만 화학 반응을 보다 안정적인 상태에서 효율적으로 일어나게 도와주는 촉매로 이용되고 있다.

원자시계

원자시계는 원자의 전자가 바닥상태(안정된 상태)와 들뜬상태(바닥상태보다 에너지가 높은 상태)를 주기적으로 반복하는 현상을 이용해 만든 초

정밀 시계다. 루비듐 원자시계, 세슘 원자시계, 이터븀 광시계 등이 있다. 오늘날에는 오차가 3조 년에 1초 수준에 이를 만큼 정교해져 세계 표준시 정립, 위성위치확인시스템(GPS) 오차 조정, 인공위성 시차 조정 등에 쓰이며 시간의 절대적인 기준이 되고 있다. 이중 루비듐 원자시계는 정밀도가 가장 떨어지지만(그래도 30만 년에 1초 틀리는 수준이다), 가격이 저렴하고 소형화하기 쉬워 대형 이동통신 기지국에서 사용되고 있다.

• 은백색의 광택을 띠는 루비듐.

암 진단의 가능성

루비듐은 독성을 보이지 않는다. 동위원소에 따라 약간의 방사성을 띨 뿐이다. 흥미롭게도 루비듐은 암 조직에만 축적되는데, 이러한 성질을 이용한 암 진단법 연구가 떠오르기도 했다. 아직까지는 큰 성과가 없지만 언젠가 의료 분야에 활용될지도 모른다.

발견자	구스타프 키르히호프(Gustav Kirchhoff), 로베르트 분젠(Robert Bunsen)			발견 연도	
				1861년	
어원	'붉은색'을 뜻하는 라틴어 'rubidus'				
특징	물에 닿으면 매우 강하게 폭발한다.				
사용 분야	원자시계				
원자량	85.468 g/mol	밀도	1.53 g/cm^3	원자 반지름	3.03 Å

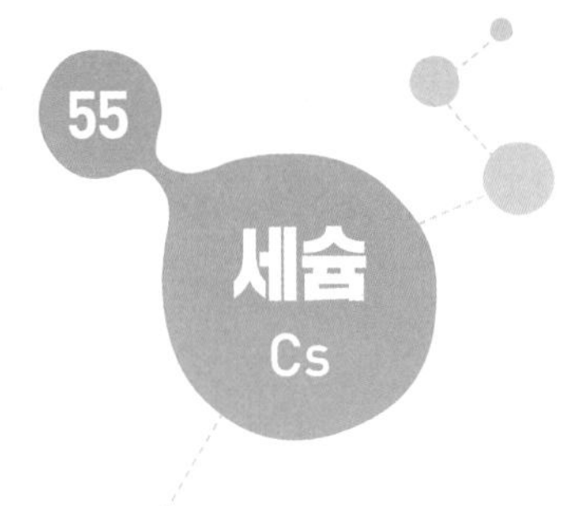

1초의 기준

1족 알칼리 금속

'바닥상태의 세슘-133 원자가 두 개의 초미세 준위 사이를 전이할 때 발생하는 전자기파 복사의 9,192,631,770주기 동안 걸리는 시간.'

우리가 사는 세상에서 시간의 기준은 세슘(cesium)이다. 1967년 국제도량형위원회(BIPM)가 세상 어느 곳에서도 사용 가능한 기준을 세우기 위해 '1초'를 위와 같이 정의했기 때문이다.

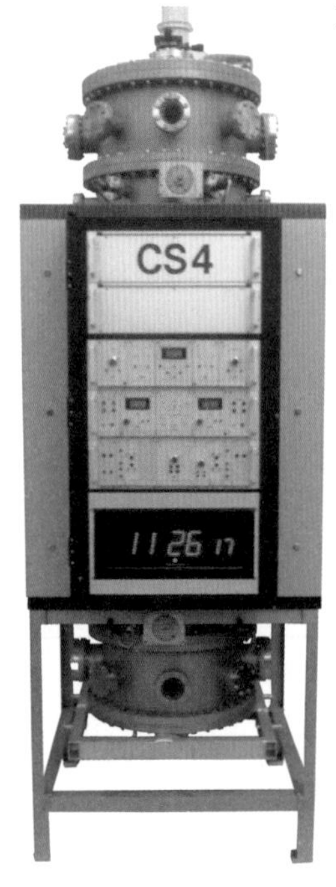

• 세슘 원자시계.

이에 따르면 1초는 세슘-133 원자에서 방출된 빛이 9,192,631,770번 진동하는 데 걸리는 시간이다. 각 나라는 세계 표준시에 맞추기 위해 세슘 원자시계를 가지고 있으며, 우리나라도 한국표준과학연구원(KRISS)에서 관리하고 있다. 우리가 대수롭지 않게 흘려보내는 1초라는 시간이 하나의 원소에 의해 정해졌다는 사실, 놀랍지 않은가.

방사성 동위원소

지구에서 일어나는 수많은 사건 사고 중 인간이 만들어 낸 가장 큰 재난은 피폭일 것이다. 특히 2011년 3월 11일 일본 후쿠시마에서 일어난 원자력 발전소 폭발 사고는 여전히 많은 사람을 피폭의 두려움에 떨게 하고 있다. 세슘은 약 30종의 다양한 동위원소가 있는데, 이중 세슘-137은 방사성 붕괴를 하며 감마선(엑스선보다 해로운 전자기파로, 피부를 뚫고 들어온다)을 방출하는 방사성 동위원소이기 때문에 매우 위험하다. 세슘-137은 자연계에 존재하지 않고 핵 발전이나 핵무기에 의해서만 발생하므로 유출 사고를 탐지하는 지표로 활용되고 있다. 또 최초로 핵 실험을 한 1945년 이전에는 세슘-137이 존재하지 않았기 때문에 오래된 포도주의 제작 연도를 검사하는 지표로도 사용한다.

<table>
<tr><td rowspan="2">발견자</td><td colspan="4" rowspan="2">구스타프 키르히호프(Gustav Kirchhoff),
로베르트 분젠(Robert Bunsen)</td><td>발견 연도</td></tr>
<tr><td>1860년</td></tr>
<tr><td>어원</td><td colspan="5">'파란색'을 뜻하는 라틴어 'caesius'</td></tr>
<tr><td>특징</td><td colspan="5">물에 닿으면 매우 강하게 폭발한다.</td></tr>
<tr><td>사용 분야</td><td colspan="5">원자시계, 석유 시추액, 폭죽, 광전지, 방사능 검출 등</td></tr>
<tr><td>원자량</td><td>132.905 g/mol</td><td>밀도</td><td>1.873 g/cm^3</td><td>원자 반지름</td><td>3.43 Å</td></tr>
</table>

87

프랑슘

Fr

두 번째로 희귀한 원소

1족 알칼리 금속

프랑슘(francium)은 1939년 마리퀴리연구소의 과학자 마르그리트 페레가 발견했다. 조국 '프랑스(France)'에서 이름을 따왔다.

마지막 알칼리 금속

프랑슘은 자연계에 존재하는 양이 매우 적어(지구에서 두 번째로 적다) 추출과 분리가 어렵다. 그래서 연구 목적으로 쓸 때는 가속 장치인 사

• 워싱턴 대학에 있는 사이클로트론.

이클로트론을 이용해 양성자와 토륨을 충돌시켜 인공적으로 만들어 낸다. 하지만 이렇게 만들어도 프랑슘의 반감기(방사성 붕괴되어 양이 반으로 줄어드는 데 필요한 시간)는 '최대' 22분에 불과해 물리적, 화학적 분석조차 어렵다. 연구가 어렵다 보니 밝혀진 정보도 많지 않다. 지금까지 밝혀진 1족 알칼리 금속의 마지막 원소라는 것 정도다. 이론적으로는 다음 알칼리 금속이 존재할 것이라고 추측되지만 아직은 어떠한 단서도 없다. 사용 분야 역시 알려진 바 없으며, 앞으로도 연구 이외의 용도로 사용하기는 어려울 것이다.

발견자	마르그리트 페레(Marguerite Perey)			발견 연도	1939년
어원	발견자의 조국 '프랑스(France)'				
특징	반감기가 너무 짧아서 활용할 수 없다.				
사용 분야	없음				
원자량	223 g/mol	밀도	1.87 g/cm^3 추정	원자 반지름	3.48 Å

달콤한 독

2족 알칼리 토금속

우리는 설탕, 꿀, 아스파탐 등이 단맛을 낸다는 사실을 잘 알고 있다. 그렇다면 사람들은 처음에 이 사실을 어떻게 알아냈을까? 분석 기법이 발달하지 않은 시대에는 물질을 연구할 때 직접 먹어 보고, 냄새 맡고, 만져 봤다. 베릴륨(beryllium)이 단맛을 낸다는 사실도 이렇게 발견됐다. 오늘날 베릴륨은 심각한 폐 질환(베릴륨증)을 유발한다는 사실이 밝혀져 공업용으로만 활용되고 있지만, 발견 초기에는 단맛 때문에 사람들이 먹기도 했다.

완벽한 합금

베릴륨을 구리, 니켈, 알루미늄 등에 첨가하면 아주 매력적인 합금이 된다. 강도는 강철보다 50% 이상 높고, 무게는 알루미늄보다 가볍고, 전기전도도와 열전도도는 높고, 마모와 부식에 강하고, 탄성도 높은 합금이 되는 것이다. 이러한 베릴륨 합금은 시계와 같은 정밀한 기계, 항공기용 엔진, 강화 용수철 등에 널리 사용된다. 또한 내열성이 뛰어나 항공 우주 산업에도 이용된다.

값비싼 원소

베릴륨은 녹주석의 일종인 에메랄드와 아쿠아마린 등의 광물에 함유되어 있으며, 특유의 녹색 빛깔을 낸다. 그런데 이러한 녹주석은 매장량이 적고, 그나마도 미국 유타 주 중부 지역에서만 집중적으로 출토되며, 공급마저 하나의 업체가 독점하고 있어 상당히 비싸다. 게다가 녹주석을 구했다 해도 베릴륨을 활용하기는 쉽지 않다. 독성이 워낙 높아 인체에 치명적이며 강도와 내열성이 워낙 강해 용접 처리가 까다롭다. 그래서 베릴륨을 대체할 원소를 찾는 연구가 활발히 진행되고 있다.

• 베릴륨.

발견자	니콜라 루이 보클랭 (Nicholas Louis Vauquelin)			발견 연도	
				1797년	
어원	'녹주석'을 뜻하는 그리스어 'beryllo'				
특징	단맛이 나고 독성이 있으며 강도, 전기전도도, 열전도도, 탄성이 높다.				
사용 분야	합금, 강화 용수철, 스피커 진동판, 시계 부품, 보석 등				
원자량	9.012 g/mol	밀도	1.85 g/cm^3	원자 반지름	1.53 Å

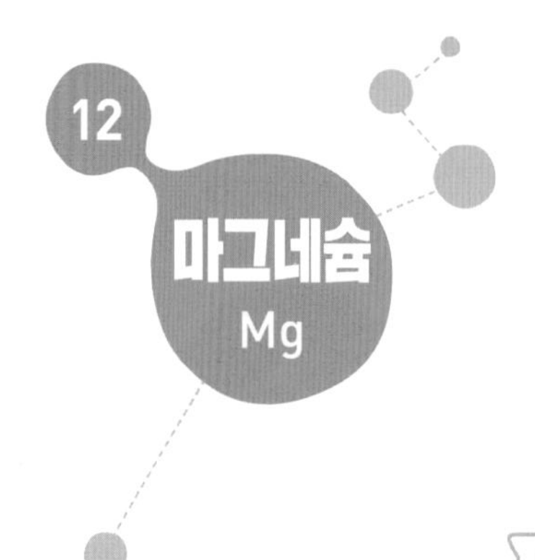

변비약의 주성분

2족 알칼리 토금속

산업 혁명기를 배경으로 한 영화를 보면 사진사가 전등 모양의 플래시를 손에 들고 순간적으로 연기와 빛을 내며 사진을 찍는 장면이 가끔 나온다. 많은 사람이 대수롭지 않게 보고 넘겼을 장면일 텐데, 그 플래시에 이용된 원소가 바로 마그네슘(magnesium)이다. 연소할 때 빛을 내는 마그네슘은 섬광탄, 소이탄, 폭죽, 부싯돌 등 빛과 불꽃이 필요한 분야에 널리 사용된다.

항공기, 자동차, 전자 제품

마그네슘 자체는 무른 성질의 금속이라 가위로도 쉽게 자를 수 있다. 하지만 알루미늄, 아연 등에 더해 합금을 만들면 아주 가볍고 단단해진다. 마그네슘은 베릴륨과 타이타늄보다 저렴하고 지각에 많은 양이 매장돼 있기 때문에 아주 오래전부터 가벼운 금속이 필요한 분야에 널리 사용되어 왔다. 1, 2차 세계대전 당시 군용기, 미사일, 로켓 등에도 사용되었고, 오늘날에는 경주용 자동차, 항공기뿐만 아니라 카메라, 노트북, 무선 전화기 등 휴대용 전자 제품에 사용되고 있다. 보호 장갑과 신발을 제작하는 데도 쓰인다.

마그네슘은 80% 이상이 중국에서 생산되지만 지각에 워낙 많은 양이 매장돼 있어 마그네슘 독점에 의한 국제 갈등이 일어날 가능성은 낮다. 우리나라는 매장량 세계 2위에 이를 만큼 많은 마그네슘을 가지고 있지만 제련 공장이 없어 대부분 수입하고 있다.

배의 부식을 막다

마그네슘은 반응성이 매우 높다. 우리가 흔히 쓰는 원소인 철보다 빨리 산화하는데, 배, 저장 탱크 등의 겉면에 붙여 철의 부식을 막는데 쓰인다. 염수(소금물)에 부식되기 쉬운 배를 보호한다는 것만으로도 마그네슘의 중요성은 충분히 설명된다.

동식물의 필수 영양소

마그네슘은 식물의 광합성에 반드시 필요한 요소다. 엽록소의 핵심 원소가 마그네슘이기 때문이다. 마그네슘 공급이 원활하지 않으면 아무리 빛을 쬐고 물을 흡수해도 잎이 노랗게 변하면서 말라 죽는다.

인체에서 30개 이상의 효소 반응에 관여하는 마그네슘은 인간에게도 반드시 필요하다. 대부분 한두 번은 겪어 보았을 텐데, 마그네슘이 부족하면 눈 밑이 파르르 떨리는 증상이 나타난다. 그렇다고 너무 많은 양을 복용하면 또 탈이 난다. 설사와 두통을 동반한 고마그네슘 혈증이 생겨 신체 기능이

• 마그네슘.

저하되고 호흡 곤란이 일어날 수 있다. 흥미롭게도 마그네슘은 설사를 유발한다는 부작용을 이용해 변비약으로 쓰이고 있다. 역시 약과 독은 종이 한 장 차이다.

발견자	조지프 블랙(Joseph Black)			발견 연도	1755년
어원	그리스에서 출토되는 '마그네시아(magnesia)석'				
특징	밝은 빛을 내며 연소하고, 반응성이 높다.				
사용 분야	항공기, 자동차, 전자 제품, 부식 방지제, 제산제, 변비약, 폭죽, 소이탄, 부싯돌, 식물 영양제 등				
원자량	24.305 g/mol	밀도	1.74 g/cm^3	원자 반지름	1.73 Å

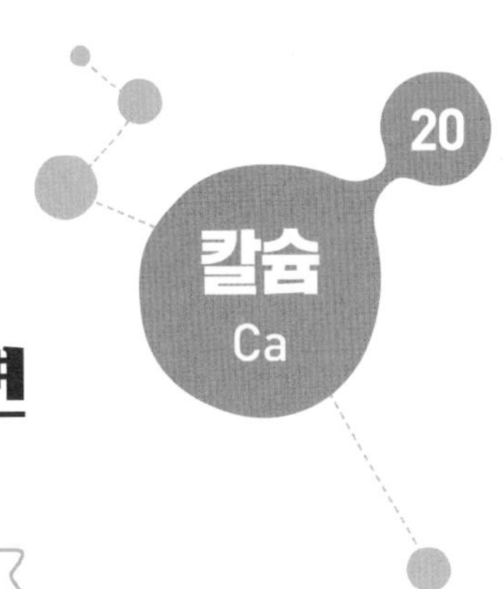

우유를 마시면 키가 큰다?

2족 알칼리 토금속

건물이든 사람이든 형태를 유지하려면 무언가 구조를 단단하게 잡아 주는 물질이 필요하다. 그 역할을 하는 핵심적인 원소가 바로 칼슘(calcium)이다. 칼슘은 시멘트와 대리석, 그리고 사람 뼈의 주성분이다. 지각에 다섯 번째로 많이 매장돼 있으며, 반응성이 매우 높아 대부분 산화물 형태로 존재한다.

칼슘 화합물의 이용

우리는 다양한 칼슘 화합물을 이용하고 있다. 가장 대표적인 것은 제설제로 사용하는 염화칼슘($CaCl_2$)이다. 눈에 염화칼슘을 뿌리면 물의 어는점이 0℃보다 낮아져 얼음이 녹는다. 염화칼슘은 식품 첨가제, 경화 촉진제 등으로도 널리 사용된다.

인산칼슘($CaHPO_4$)도 많이 쓰이는 칼슘 화합물이다. 이는 우리 몸에 존재하는 물질이므로 침입한 물질로 인식되지 않는다. 그래서 약물 전

• 칼슘.

달체, 인공 치아, 인공 뼈, 보철 재료 등으로 사용된다.

칼슘에 얽힌 속설

우유를 많이 마시면 키가 큰다는 말은 누구나 한 번쯤 들어 봤을 것이다. 우유에는 칼슘이 많이 들어 있으니까 우유를 많이 마시면 뼈가 잘 자라 키가 클 것이라는 기대에서 나온 말인데, 결론적으로 맞기도 하고 틀리기도 하다.

물론 칼슘이 부족하면 골다공증, 성장 장애, 스트레스 민감증 등 여러 부작용이 생길 수 있지만, 너무 많은 양의 우유(하루에 2L 이상)를 마시면 전립샘 암 발병률이 높아진다는 연구 결과도 있다. 칼슘은 우리 몸에서 근육 수축, 신경 자극 전달, 세포 사멸, 기억 등의 작용에 핵심적으로 쓰이기 때문에 칼슘을 너무 많이 섭취하면 뇌졸중, 심근경색, 요로 결석, 협심증 등 수많은 혈관 질환, 신경 관련 질환과 암이 발병할 확률이 높아진다. 채식주의자가 아니라면 칼슘 보충제 섭취는 주의해야 한다(채식만으로는 몸이 필요로 하는 칼슘을 모두 섭취하기 힘들다).

발견자	험프리 데이비(Humphry Davy)			발견 연도	1808년
어원	'석회'를 뜻하는 라틴어 'calx'				
특징	반응성이 높고, 무르다.				
사용 분야	대리석, 시멘트, 제설제, 건조제, 철·납 정제, 건강 보조제 등				
원자량	40.078 g/mol	밀도	1.54 g/cm^3	원자 반지름	2.31 Å

38

스트론튬

Sr

최악의 인공 방사능 물질

2족 알칼리 토금속

'스트론튬(strontium)'이라는 이름에서 뭔가 강한(strong) 느낌이 들어서, 또는 후쿠시마 원자력 발전소 사고 때 '스트론튬 유출', '스트론튬 피폭' 등에 관한 기사를 접해서 38번 원소에 대해 부정적인 선입견이 있을 수 있다. 하지만 스트론튬이라는 이름은 광물이 처음 발견된 스코틀랜드의 마을 '스트론티안(Strontian)'에서 유래했고, 자연에 존재하는 스트론튬과 3종의 동위원소는 전혀 위험하지 않다. 오히려 생명체가 살아가는 데 적게나마 반드시 필요한 29종의 원소 중 하나다. 폭죽의 붉은색 불꽃을 만드는 데 사용되며, 텔레비전과 컴퓨터 모니터의 음극관, 조명탄, 자석, 야광 물질 등에 쓰인다. 동위원소 지질 연대 측정(스트론튬-87), 암 치료(스트론튬-89) 등에도 이용되고 있다. 그렇다면 도대체 스트론튬 피폭에 대한 수많은 기사는 왜 나온 것일까.

• 스트론튬.

• 폭죽의 붉은색 불꽃은 스트론튬이 만든다.

피폭의 주범, 스트론튬-90

원자력 발전소 사고, 핵폭탄 등의 문제와 관련된 스트론튬은 자연에 존재하지 않는, 인간이 만들어 낸 인공 동위원소 스트론튬-90이다. 1945년 시작된 핵 실험으로 탄생한 스트론튬-90은 반감기가 29년으로 인간 수명에 비해 상당히 길어 피폭의 주범이 되고 있다. 같은 족 원소인 칼슘과 유사한 성질을 가지고 있기 때문에 한번 피폭되면 뼈와 이에 쌓여 방사능을 계속 뿜는다. 스트론튬-90은 토양을 오염시킬 뿐만 아니라 바다로 흘러들어가 해양 생물체에 쌓인다. 후쿠시마 원자력 발전소 사고 이후 사람들로 하여금 음식물을 통한 피폭을 두려워하게 만든 물질이기도 하다.

방사성 동위원소 발전기

스트론튬-90은 분명 생명을 위협하는 최악의 물질이다. 하지만 이러한 방사성 동위원소도 관리만 철저히 잘하면 생활에 이로운 방향으로 활용할 수 있다. 대표적인 예가 연료 공급이 필요 없는 발전기다. 스트론튬-90은 자체적으로 열을 발생시키는데, 이를 이용한 방사성 동위원소 발전기를 제작해 인공위성, 관측소, 등대 등 연료를 공급하기 어려운 곳에서 사용하고 있다.

발견자	어데어 크로퍼드(Adair Crawford)			발견 연도	1790년
어원	스코틀랜드의 마을 '스트론티안(Strontian)'				
특징	뼈 성장을 촉진한다. 방사성 동위원소(스트론튬-90)가 있다.				
사용 분야	폭죽, 자석, 조명탄, 야광, 건강 보조제, 발전기, 항암 치료제 등				
원자량	87.62 g/mol	밀도	2.64 g/cm^3	원자 반지름	2.49 Å

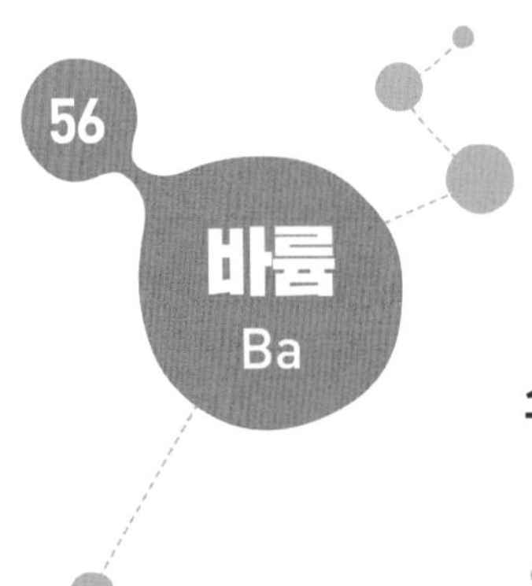

소화되지 않는 화합물

2족 알칼리 토금속

희고 걸쭉한 화합물을 밥처럼 먹는다고 상상해 보자. 왠지 몸에 문제가 생길 것만 같은 느낌이 들 것이다. 하지만 실제로 그렇게 쓰이는 물질이 있다. 바로 56번 원소 바륨(barium)의 화합물인 황산바륨($BaSO_4$)이다. 바륨은 1774년 비중이 큰 중정석에서 처음 발견되었다. 그래서 '무겁다'는 뜻의 그리스어 'barys'에서 이름을 따와 '바로트(barote)', '바리타(baryta)' 등으로 불리다가 1808년 험프리 데이비가 '바륨'으로 이름 지은 뒤 지금까지 그렇게 불리고 있다. 물에 녹지 않아 몸에 흡수되지 않는 황산바륨 외의 모든 바륨 화합물과 바륨 이온(Ba^{2+})은 독성이 있기에 주로 황산바륨의 형태로 이용된다.

산업에서 의료까지

황산바륨은 비중이 4.5 정도로 높다. 그래서 석유나 천연가스를 시추할 때 시추공에 넣는 충진액으로 사용된다. 땅속 깊이 판 시추공에 황산바륨을 채워 넣으면 시추에 성공했을 때 석유와 천연가스가 솟구치는 것을 막아 준다. 그 외에도 황산바륨은 흰색 페인트, 종이 코팅 등 다양한 산업 분야에 쓰인다.

의료 분야에서는 위장 엑스선 진단을 할 때 조영제(명암 효과를 강화하는 물질)로 사용된다. 황산바륨은 엑스선을 잘 흡수하고, 먹어도 소화 효소에 의해 분해되지 않는다. 그래서 섭식 장애나 소화 장애 처방약으로도 이용된다. '바륨 식사(barium meal)' 또는 '바륨 관장(barium enema)'으로 불리는데, 삼킨 황산바륨은 소화기를 청소한 뒤 대변으로 배출된다.

다양한 바륨 화합물

비록 황산바륨을 제외한 모든 바륨 화합물에 독성이 있지만, 인체에만 해로울 뿐 산업적으로는 쓸모가 많다. 유리 제조, 도자기 유약 등으로 사용되는 탄산바륨($BaCO_3$), 쥐약으로 쓰이는 염화바륨($BaCl_2$), 폭죽의 녹색 불꽃을 내는 질산바륨[$Ba(NO_3)_2$], 고온 초전도체의 주성분인 타이타늄산바륨($BaTiO_3$) 등이 대표적인 예다. 초전도체(전기 저항이 0에 가까워지는 물질)는 특별한 기능을 가졌음에도 매우 낮은 온도에서만 초전도 현상이 나타나기에 실효성이 낮았는데, 바륨 화합물 덕분에 비교적 높은 온도에서도 초전도 현상을 나타내

• 바륨.

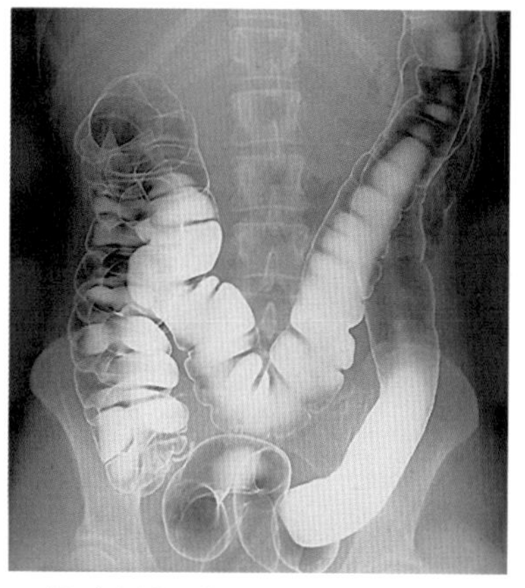

• 바륨 관장약을 복용한 상태로 엑스선 촬영한 사진.

는 물질이 만들어져 고효율 송전, 자기부상 열차 등 미래 기술에 활용할 가능성이 열렸다.

금속 상태의 바륨은 화합물에 비해 활용되는 분야가 많지 않지만 합금은 다양한 분야에서 이용된다. 바륨과 니켈의 합금은 점화 플러그로도 사용된다.

발견자	험프리 데이비(Humphry Davy)			발견 연도	1808년
어원	'무겁다'라는 뜻의 그리스어 'barys'				
특징	독성이 있으나 황산바륨은 인체에 해롭지 않다.				
사용 분야	엑스선 조영제, 시추 충진액, 폭죽, 페인트, 유리 코팅, 종이 코팅, 고온 초전도체 등				
원자량	137.327 g/mol	밀도	3.62 g/cm^3	원자 반지름	2.68 Å

몸에 좋은 빛? 몸을 해치는 빛!

2족 알칼리 토금속

라듐(radium)은 재미있는 일화가 많은 원소다. 누구나 이름은 들어 봤을 퀴리 부부에게 1903년 노벨 물리학상을, 마리 퀴리에게 1911년 노벨 화학상을 안긴 원소이기도 하다.

퀴리 부부는 형광 유리를 제작하기 위해 역청우라늄석에서 우라늄을 추출한다. 그러다 역청우라늄석에서 빛이 나는 것을 보고 1000kg에 달하는 어마어마한 양의 역청우라늄석을 무려 4년 동안 정제해서 1898년 폴로늄과 0.1g밖에 안 되는 염화라듐($RaCl_2$)을 추출하는 데 성공한다. 이렇게 발견된 라듐은 매우 흥미롭게도 어둠 속에서 스스로 빛을 냈다. 이는 에너지 보존 법칙에 위배되는 방사능 현상으로, 덕분에 퀴리 부부는 노벨 물리학상을 공동 수상한다. 라듐이라는 이름은 '빛을 내다'라는 뜻의 라틴어 'radius'에서 따왔다.

안타깝게도 피에르 퀴리는 1906년 비오는 날 마차 바퀴에 깔려 사망한다. 마리 퀴리는 깊은 슬픔에 빠지지만 상처를 딛고 일어나 전기분해로 염화라듐에서 순수한 라듐 금속을 분리해 낸다. 그리고 1911년 노벨 화학상을 수상한다. 노벨상은 아무리 훌륭한 업적이 있어도 생존해 있어야만 수상이 가능하기 때문에 노벨 화학상은 마리 퀴리

홀로 받는다. 마리 퀴리는 여성 최초로 노벨상을 수상한 과학자이자 여성 최초로 프랑스 대학 교수가 된 과학자다. 그녀는 수많은 업적을 이루며 사회적 풍조를 이겨 내고 학계에서 여성 과학자의 입지를 다졌다.

생명을 위협하는 유사 과학

세상에는 수많은 유사 과학이 있다. '좋은 말을 해 주면 식물이 빨리 자란다', '선풍기를 틀고 자면 죽을 수 있다', '전자레인지로 음식을 조리하면 발암 물질이 생긴다' 등 대중을 혼란에 빠뜨리는 이야기가 많은데, 라듐 발견 초기에도 이 같은 상황이 벌어진다.

'스스로 빛을 내는 새로운 원소'라는 사실은 대중에게 많은 관심을 받았다. 근거도 없이 만병통치 효과가 있는 것으로 알려져 라듐이 함유된 초콜릿, 건강용품, 물 등 수많은 제품이 쏟아져 나왔다. 하지만 라듐은 주머니에 넣고 몇 시간만 있어도 피부 궤양이 생길 정도로 방사성이 강한 물질이다. 이러한 사실은 뒤늦게 알려졌고, 우라늄보다 300만 배 강한 라듐 방사능 피해자가 속출했다(엑스선도 처음에는 수많은 유사 과학에 의해 몸에 좋은 빛으로 알려졌다). 마리 퀴리도, 퀴리 부부의 스승인 베크렐도 피폭으로 사망했다.

지금은 쓰이지 않는 원소

라듐은 스트론튬-90처럼 방사성 효과를 이용해 암세포를 죽이는 데 활용되었다. 효과가 좋아 1940년대까지 썼지만, 오늘날에는 더 효과적이고 덜 위험한 방사성 요법이 개발되어 더 이상 이용하지 않는

• 라듐은 빛을 내는 특성 때문에 시계, 계기판 등을 만드는 데 이용되었다.

다. 또한 라듐은 빛을 내는 특성 때문에 시계와 계기판의 형광 도료로도 많이 사용되었는데, 역시 방사성 때문에 오늘날에는 쓰지 않는다. 다만 이전에 생산된 라듐 형광 계기판은 폐기되지 않아 오늘날에도 가끔 판매된다. 라듐은 스트론튬-90과 마찬가지로 칼슘 대신 뼈와 이에 축적되어 방사성 피해를 지속적으로 끼치므로 조심해야 한다.

발견자	마리 퀴리(Marie Curie), 피에르 퀴리(Pierre Curie)			발견 연도 1898년	
어원	'빛을 내다'라는 뜻의 라틴어 'radius'				
특징	방사성이 강하고 빛이 나는 밝은 흰색의 금속이다.				
사용 분야	암 치료, 형광 페인트 등에 쓰였지만 오늘날에는 사용되지 않는다.				
원자량	226 g/mol	밀도	5 g/cm^3	원자 반지름	2.83 Å

두 번째로 단단한 물질

13족 붕소족

지금까지 밝혀진 가장 단단한 단일 원소 물질은 다이아몬드다. 그럼 다이아몬드 다음으로 단단한 물질은 무엇일까? 철, 타이타늄 등 많은 원소가 떠오르겠지만, 의외로 정답은 붕소(boron)다.

붕소는 고대 중국과 아라비아 등에서 도자기 유약으로 쓰던 회백색 광석 '붕사(borax)'에서 추출한 원소로, 붕사를 뜻하는 아랍어 'buraq'에서 이름을 따왔다. 붕소는 초기에 '보라슘(boracium)'으로 불렸으나, 스웨덴의 화학자 옌스 야코브 베르셀리우스가 비금속의 검은색 고체라는 특징에 맞게 접미사 '-on'을 붙이면서 'boron'이라 불렸다.

순수한 붕소는 다이아몬드처럼 아름답지도 않고 강도가 높아 다루기도 어렵기 때문에 그 자체로는 별로 쓰이지 않는다. P형 반도체, 붕소-10 동위원소를 이용한 원자로 중성자 흡수 제어봉, 열중성자 차폐체 등에 이용될 뿐이다. 그러나 자연계에는 매우 다양한 붕소 화합물이 존재한다.

• 붕소.

다이아몬드를 능가하다

탄소, 질소와 화합물을 형성한 탄화붕소(B_4C), 질화붕소(BN)는 다이아몬드보다 단단해 방탄조끼, 군용 차량, 금속 연마제 등으로 널리 사용되고 있다. 냉전 시대 스파이들이 기계 장치를 마모시켜 파괴하는 데 사용했다는 소문도 있다.

내열 강화 유리

유리컵에 뜨거운 물을 담았다 찬물을 담았다 하면 유리컵이 깨진다. 급격한 온도 차로 유리의 열팽창이 일어나 생기는 문제인데, 유리에 산화붕소를 첨가하면 열팽창이 낮아져 견고해진다. 붕소는 값비싼 물질이 아니어서 대부분의 유리컵은 산화붕소를 이용한 내열 처리가 되어 있다. 붕소 화합물은 조리 기구, 스포츠용품, 바퀴벌레 퇴치제, 표백제, 세정제 등 일상 곳곳에서 사용되고 있다.

발견자	조제프 루이 게이뤼삭(Joseph Louis Gay-Lussac), 루이자크 테나르(Louis-Jacques Thénard), 험프리 데이비(Humphry Davy)			발견 연도: 1808년	
어원	‘붕사(borax)’를 뜻하는 아랍어 ‘buraq’				
특징	두 번째로 단단한 단일 원소 물질이다.				
사용 분야	제어봉, 방탄조끼, 세제, 스포츠용품, 내열 강화 유리 등				
원자량	10.81 g/mol	밀도	2.34 g/cm^3	원자 반지름	1.92 Å

13

알루미늄

Al

은박지의 비밀

13족 붕소족

포일, 캔 등 오늘날 일상에서 흔히 보는 알루미늄(aluminium)이 금보다 비쌌다면 믿겠는가? 1800년대 말 정제 기술이 개발되기 전까지 알루미늄은 '찰흙 속의 은'이라 불리며 귀금속으로 취급받았다. 나폴레옹 3세는 알루미늄으로 만든 왕관을 썼고, 가장 귀한 손님을 알루미늄 식기로, 그 외의 손님을 금 식기로 대접했다. 그만큼 알루미늄은 아무나 접할 수 없는 금속이었다.

알루미늄은 지각에 가장 많이 분포해 있는 원소임에도 여전히 철, 구리보다 비싸다. 보크사이트 광석으로부터 알루미늄을 정제하는 데 엄청난 에너지가 들기 때문이다. 우리나라에도 알루미늄 정제소가 있었는데 산업체 혜택을 받아도 감당할 수 없을 만큼 전기료가 많이 나와서 지금은 운영하지 않는다. 중앙아시아 타지키스탄은 주 생산품이 알루미늄인데, 국가 전력의 40%를 알루미늄 정제 공장에서 사용하고 있다. 그러다 보니 세계적으로 수요가 많은 알루미늄을 생산함에도 최빈국에 머물러

• 알루미늄.

있다. 이런 이유로 오늘날 세계 각국은 알루미늄을 생산하기보다 재활용하는 데 초점을 맞추고 있다.

알루미늄은 고대 문명 미스터리와도 연관이 있다. 중국 진나라의 장군 주처의 묘에서 알루미늄 장식품이 발견된 것이다. 현대에도 제련하는 데 어려움을 겪는 알루미늄이기에 이 같은 발견은 학술적으로 많은 관심을 받고 있다.

분진 폭발

소설이나 영화를 즐기는 사람이라면 밀가루가 공기 중에 꽉 차 있는 상태에서 불을 켜면 폭발하는 분진 폭발에 대해 들어 봤을 것이다. 여러 공정에 이용되는 알루미늄도 분진으로 날리는 경우가 많은데, 산화성이 높아 폭발 사고가 가끔 일어난다. 알루미늄의 이러한 성질 때문에 짧은 시간 안에 강한 폭발력을 내야 하는 로켓과 미사일의 연료, 섬광탄, 수류탄 등에 많이 쓰인다.

알루미늄과 은

알루미늄은 매우 가볍고 무른 은백색의 광택이 있는 금속으로, 생김새가 은과 비슷하다. 그래서 우리나라에 알루미늄이 처음 공급됐을 때 대부분의 사람은 알루미늄과 은을 특별히 구분 짓지 않았고, 심지어 둘 다 '은'이라고 불렀다. 알루미늄 포일을 '은박지'라고 부르는 것도, 냄비를 '양은 냄비'라고 부르는 것도 그때의 흔적이 남은 것이다. 이 제품들은 은과 아무런 관련이 없다.

• 100% 알루미늄으로 만들어진 1원짜리 동전. 유통용으로는 더 이상 발행되지 않는다.

알루미늄도 독이다?

창틀, 냄비, 동전, 비행기, 휴대전화를 비롯한 각종 전자 제품의 형태로 곳곳에 존재하는 알루미늄은 과연 안전할까? 결론부터 말하면, 제품을 이용하는 것 자체는 문제되지 않지만 알루미늄이 제품에서 녹아 나와 몸으로 들어오면 큰 문제가 생긴다. 알루미늄은 우리 몸 안에서 신경 독의 일종으로 작용해 신경 세포를 손상시키기 때문이다. 아직 연구 중이지만, 알루미늄이 축적되면 알츠하이머를 유발한다는 주장도 있다. 그러나 알루미늄을 섭취하는 경우는 차, 치즈, 빵 등 몇몇 음식을 먹을 때뿐이므로 과다 섭취할 일은 거의 없다.

발견자	한스 크리스티안 외르스테드 (Hans Christian Oersted)				발견 연도
					1825년
어원	'백반'을 뜻하는 라틴어 'alumen'				
특징	가볍고 무른 은백색의 금속이다. 전도성과 독성이 높다.				
사용 분야	포일, 냄비, 창틀, 비행기, 동전, 전자 제품 등				
원자량	26.982 g/mol	밀도	2.70 g/cm^3	원자 반지름	1.84 Å

31

갈륨

Ga

손으로 녹일 수 있는 금속

13족 붕소족

따뜻한 찻물에 담가 놓은 숟가락이 사라지는 마술 영상을 본 적이 있다면 이미 갈륨(gallium)과 만난 것이라 생각해도 좋다. 이 마술은 실온에 고체로 존재하지만 조금만 따뜻해져도 녹는 갈륨의 성질을 이용한 것이기 때문이다. 갈륨은 녹는점이 약 30℃로, 손바닥에 올려 두기만 해도 액체로 변한다. 반면에 끓는점은 무려 2229℃나 되어서 액체로 존재하는 온도 범위가 매우 넓고, 약간의 독성은 있지만 인체에 잘 흡수되지 않아서 '액체 금속'으로 흔히 사용된다. 그러나 다른 금속에 잘 녹아들어 금속을 약화시키기 때문에 주의해야 한다. 비행기에 가지고 탈 수 없는 항목으로 분류되어 있기도 하다.

안전한 고온 온도계

디지털 온도계 외에 주로 사용되는 온도계는 크게 두 가지다. 빨간색 액체가 들어 있는 알코올 온도계와 은빛 액체가 들어 있는 수은 온도계다. 두 온도계는 각각 장단점이 있다. 알코올 온도계는 내용물이 몸에 해롭지 않아 파손돼도 유리만 조심하면 되는 대신 높은 온도를 측정할 수 없고, 수은 온도계는 300℃에 달하는 고온까지 측정할 수

• 갈린스탄 온도계.

있는 대신 수은이 유출되면 매우 위험하다는 단점이 있다. 그래서 수은 온도계는 병원, 실험실 외에 잘 사용되지 않는다.

그런데 수은 온도계의 단점을 보완한 새로운 온도계가 있으니, 바로 갈륨 합금인 갈린스탄(galinstan)으로 만든 온도계다. 갈린스탄 온도계는 겉보기에 수은 온도계와 비슷하지만 독성이 없어 의료용, 냉각제 등 다양한 분야에 사용된다. 고온 온도계를 사용할 경우 어떤 원소로 제작된 것인지 반드시 확인하자.

반도체와 다이오드

앞서 말한 것처럼 갈륨은 체온에도 녹기 때문에 주변에서 쉽게 접할 수는 없다. 하지만 갈륨을 첨가제로 사용한 전자 제품은 흔하다. 갈륨과 비소를 섞어서 제작한 반도체는 일반적으로 많이 쓰이는 규소 반도체보다 전자의 이동 속도가 훨씬 빠르다. 그러다 보니 소비 전력을 줄일 수 있고 반도체를 소형화하기 좋다.

또한 갈륨을 질소, 인, 비소 등의 15족 원소와 혼합하면 전류가 공급될 때 여러 색의 빛을 선택적으로 내는 다이오드를 만들 수 있어 전기, 전자 분야에 많이 활용되고 있다. 물질의 표면을 정밀하게 깎아 내는 절삭 갈륨 이온 레이저로도 쓰인다. 응집시킨 갈륨 이온을 레이저로 쏘는 것이다.

갈륨은 이처럼 다양한 분야에 이용할 수 있지만, 알루미늄 정제 과정에서 부산물로 얻어지는 원소인 만큼 비싸다는 단점이 있다.

<table>
<tr><td rowspan="2">발견자</td><td colspan="4" rowspan="2">폴 에밀 르코크 드 부아보드랑
(Paul Émile Lecoq de Boisbaudran)</td><td colspan="2">발견 연도</td></tr>
<tr><td colspan="2">1875년</td></tr>
<tr><td>어원</td><td colspan="6">프랑스의 라틴어 이름 'Gallia'</td></tr>
<tr><td>특징</td><td colspan="6">녹는점이 약 30도로 낮고, 다른 금속을 약화시킨다.</td></tr>
<tr><td>사용 분야</td><td colspan="6">온도계, 반도체, 다이오드 등</td></tr>
<tr><td>원자량</td><td>69.723 g/mol</td><td>밀도</td><td>5.91 g/cm^3</td><td>원자 반지름</td><td colspan="2">1.87 Å</td></tr>
</table>

산업의 비타민

13족 붕소족

인듐(indium)은 백색의 무른 금속으로, 다양한 분야에 활용된다. 여기까지만 보면 다른 금속들과 차이점이 있긴 할까 의구심이 들 것이다. 그런데 인듐은 무른 정도가 상당하고 먹어도 몸에 흡수되지 않아 씹어 삼켜도 해롭지 않다는 독특한 특징이 있다(단, 피부를 통해 흡수되면 높은 독성을 띤다).

인듐은 1863년 탈륨을 추출하기 위해 섬아연석을 정제하다가 발견된 원소다. 남색 스펙트럼이 나타났기에 '남색'을 뜻하는 라틴어 'indicium'에서 이름을 따왔다. 지각에 존재하는 양이 매우 적어서 값은 비싸지만, 아주 조금만 첨가해도 전기적, 광학적 특성을 끌어낼 수 있어 여러 분야에 많이 쓰인다. 갈륨과 함께 현대 산업을 이끌고 있는 첨가물이다.

• 인듐.

과학계와 산업계의 주목을 받다

인듐은 반도체, 합금, LCD 모니터 등 오늘날 꼭 필요한 산업 분야에서 적은 양으로 최고의 효과를 내기 때문에 '산업의 비타민'으로 불린다. 갈륨처럼 15족 원소와 혼합해 반도체 분야에 활용하는데, 전자 전도도가 갈륨-비소 화합물보다도 뛰어나 과학계와 산업계에서 주목받고 있다. 갈륨 합금인 갈린스탄을 만드는 데도 인듐이 10% 정도 들어가며, 우주선, 항공기 등 초정밀 기계를 제작하는 데도 필수적으로 쓰인다. 대부분 중국에서 생산되며 가격이 비싸고 매장량이 적기 때문에 재활용 기술도 개발되고 있다. 현재 70% 이상을 재활용할 수 있을 만큼 발달해 있다.

태양 전지

석탄, 석유, 천연가스 등 언젠가는 고갈될 매장 자원을 대체할 에너지에 대한 연구는 오래전부터 이어져 왔다. 수력, 풍력, 조력, 지열, 태양광 발전 등 자연을 이용한 에너지 생산이 미래 기술의 큰 축을 차지하고 있는데, 이중 개발 가능성이 가장 높은 것은 태양광 발전이다.

이론적으로 40분 동안 지구에 들어오는 태양광을 온전히 에너지로 바꾸면 모든 사람이 1년 동안 사용할 수 있는데, 이를 현실화하기 위

• 인듐이 첨가된 셀렌화구리인듐갈륨 박막형 태양 전지.

해 많은 과학자가 여러 원소를 이용해 태양 전지 발전을 연구하고 있다. 그리고 지금까지 밝혀진 바로는 인듐이 첨가된 셀렌화구리인듐갈륨(copper indium gallium selenide, CIGS) 박막형 태양 전지가 가장 효율적이다.

인듐을 활용하는 분야는 앞으로도 더 많아질 것이다. 꾸준히 관심을 가지고 지켜봐야 할 원소다.

<table>
<tr><td rowspan="2">발견자</td><td colspan="4" rowspan="2">페르디난트 라이히(Ferdinand Reich),
히에로니무스 테오도어 리히터
(Hieronymous Theodor Richter)</td><td>발견 연도</td></tr>
<tr><td>1863년</td></tr>
<tr><td>어원</td><td colspan="5">'남색'을 뜻하는 라틴어 'indicium'</td></tr>
<tr><td>특징</td><td colspan="5">매우 무르고, 먹었을 때는 독성을 띠지 않는다.</td></tr>
<tr><td>사용 분야</td><td colspan="5">반도체, 태양 전지, LCD 모니터, 비행기, 합금, 의료 진단 등</td></tr>
<tr><td>원자량</td><td>114.818 g/mol</td><td>밀도</td><td>7.31 g/cm^3</td><td>원자 반지름</td><td>1.93 Å</td></tr>
</table>

81

탈륨

Tl

미스터리한 독약

13족 붕소족

탈모, 무기력, 신체 마비, 기억 상실, 말 더듬. 영국의 소설가 애거사 크리스티는 1961년 출간한 추리 소설 《창백한 말》에서 탈륨(thallium) 중독 증상을 이 같이 세밀하게 묘사했다. 이로써 그녀는 대중에게 탈륨의 존재를 널리 알렸고, 새로운 살인 도구를 노출하는 동시에 원인 모를 증상으로 고통받던 사람들의 목숨을 구했다.

탈륨은 중독 증상이 바로 나타나지 않기 때문에 여러 문학 작품에서 미스터리한 소재로 다루어져 왔다. 이라크의 독재자 사담 후세인은 적을 암살하는 데 실제로 사용하기도 했다. 어두운 곳에서 알게 모르게 사용되어 온 원소다.

삶과 죽음의 사이에서

탈륨에 중독되면 2주 동안 탈모, 마비, 무기력 등 비교적 미미한 증상을 앓다가 혼수상태에 빠지고 사망한다. 몸 안에서 포타슘과 유사한 기능을 하는 탈륨이 포타슘 이온에 의해 활성화되는 여러 효소를 방해해 이상 현상을 일으키고 신체 기능을 정지시키는 것이다.

과거에는 살충제, 쥐약 등을 만들 때 탈륨을 이용했다. 오늘날에는

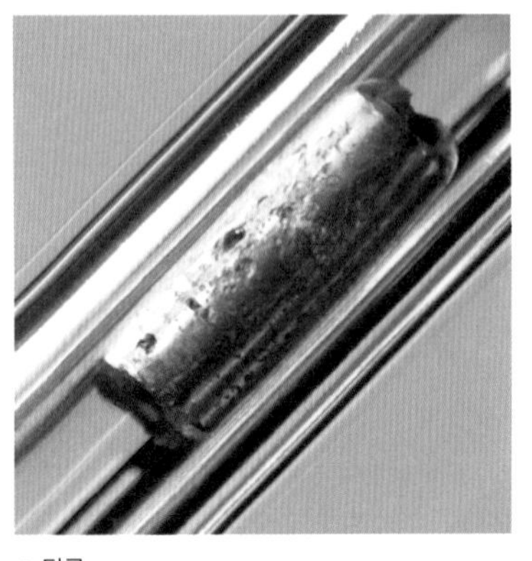
• 탈륨.

사용이 금지되었지만, 당시 만든 살충제나 쥐약이 남아 있어 탈륨에 노출될 수 있다. 탈륨 중독은 청색 안료인 프러시안 블루(prussian blue)로 치료할 수 있으니 일단 중독이 의심되면 당황하지 말고 병원에 가서 진료를 받자.

여기까지만 보면 이 81번 원소가 백해무익하게 느껴질 것이다. 그러나 아이러니하게도 탈륨은 핵의학 영상과 같은 의료 진단 분야에서 사용되고 있다. 특히 심장 질환을 진단하는 데 효과적인데, 아주 적은 양만 사용하므로 걱정할 일은 없다. 또 갈륨과 인듐처럼 광학적 특성을 강화하기 때문에 고굴절 렌즈, 고밀도 유리, 적외선 검출기의 렌즈, 반도체 등을 제작하는 데도 쓰인다. 탈륨은 독성이 강한 원소지만, 적당히 사용하면 우리 삶을 윤택하게 한다.

발견자	윌리엄 크룩스(William Crookes)			발견 연도	1861년
어원	'초록색 나뭇가지'를 뜻하는 그리스어 'thallos' (발견 당시 초록색 스펙트럼이 나타났음)				
특징	독성이 강하고, 반응성이 높다.				
사용 분야	반도체, 기능성 유리, 적외선 렌즈, 독약 등				
원자량	204.38 g/mol	밀도	11.8 g/cm³	원자 반지름	1.96 Å

113

니호늄

Nh

0.000344초 존재하다

13족 붕소족

2004년 일본의 이화학연구소(RIKEN)가 약 80일 동안 아연 원자핵을 비스무트 원자핵에 충돌시켜 새로운 원자 한 개를 발견했다고 보고한다. 이와 같이 새로운 사실이 발견되면 실험상의 오류나 실수 또는 우연에 의한 결과가 아님을 검증하기 위해 같은 결과를 한 번 더 도출해야 하는데, 2005년 다시 한번 같은 실험으로 같은 원소를 발견해 학계의 인정을 받는다.

113번 원소는 1을 뜻하는 'un' 두 개와 3을 뜻하는 'tri', 금속을 뜻하는 접미사 '-ium'을 합쳐서 만든 임시 이름 '우눈트륨(ununtrium)'으로 불린다. 당시 일본 과학자들은 일본의 영어 이름을 딴 '자포늄(japonium)'이나 이화학연구소의 이름을 딴 '리케늄(rikenium)', 일본 현대 물리학의 창시자 니시나 요시오의 이름을 딴 '니시나늄(nishinanium)'으로 정하자고 건의했지만, 증거가 부족하다는 이유로 보류된다. 그리고 2012년 보다 확실한 재현 실험에 성공하여 2016년 6월 '니호늄(nihonium)'이라는 이름으로 주기율표에 추가된다.

니호늄처럼 원자 번호가 높은 인공 원소들은 아주 적은 수만 생성되고, 생성된 뒤에도 순식간에 붕괴해 다른 원소로 변한다. 니호늄도

한 개의 원자가 생성돼 0.000344초 동안 존재하다가 핵분열로 붕괴했다. 그래서 원자 번호가 높은 인공 원소들은 물리적, 화학적 특성을 알아내기가 어렵다. 니호늄의 특성 역시 앞으로 알려질 가능성이 거의 없다.

발견자	이화학연구소(RIKEN)			발견 연도	2004년
어원	'일본(日本)'의 일본식 발음 'Nihon'				
특징	한 개의 원자가 생성돼 0.000344초 동안 존재하다가 붕괴한다.				
사용 분야	없음				
원자량	286 g/mol	밀도	모름	원자 반지름	모름

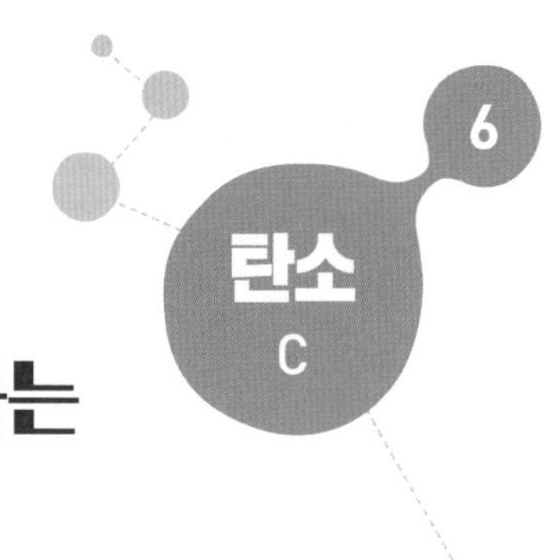

지구를 지탱하는 거대한 축

14족 탄소족

프랑스의 화학자 라부아지에는 1772년 숯과 다이아몬드를 태운다. 그리고 그때 나온 이산화탄소의 양이 서로 같다는 것을 알게 된다. 놀랍게도, 숯과 다이아몬드가 탄소(carbon)로만 이루어진 동소체라는 사실은 이렇게 밝혀진다. 동소체란 같은 원소로 구성되어 있으나 구조가 다른 물질이다. 탄소 동소체들 중에서 가장 귀하고 특별하게 여겨지는 것은 다이아몬드지만, 사실 숯을 비롯한 다른 동소체들이 더 유용하게 활용된다.

탄소는 어디에나 있다

탄소는 우리가 사는 세상을 구성하는 가장 중요한 원소들 중 하나다. 대기, 땅, 모든 생물체와 유기체, 고분자 등 탄소가 존재하지 않는 곳은 거의 없다. 동식물이 먹고 만들고 배출하는 모든 것에도 탄소가 함유되어 있다. 탄소는 지구를 지탱하는 거대한 축이다.

• 탄소.

풀러렌

미국의 화학자 리처드 에렛 스몰리(Richard Errett Smalley)와 영국의 화학자 해럴드 월터 크로토(Harold Walter Kroto)는 흑연 표면에 강한 레이저를 쪼이면 '풀러렌(fullerene)'이 떨어져 나온다는 사실을 발견해 1996년 노벨 화학상을 수상한다. 풀러렌은 탄소 원자 60개가 결합해 축구공 모양의 분자 구조를 이루고 있는 탄소 물질로, 건축가 버크민스터 풀러의 작품과 닮았다고 해서 '버크민스터풀러렌(buckminsterfullerene)'이라고도 부른다. 풀러렌은 치료, 전극, 전달체 등 많은 분야에서 활용되고 있는 0차원 탄소 물질이다(실제로는 3차원이지만, 다른 구조들에 비해 점과 같은 형태여서 편의상 0차원이라 부른다).

탄소 나노튜브

탄소 나노튜브(carbon nanotube)는 튜브 형태의 1차원 탄소 물질이다. 나노미터(0.000000001m) 규모로, 철보다 100배 이상 단단하다. 고강도 케이블, 전극, 디스플레이, 태양 전지, 방탄 섬유 등에 활용된다.

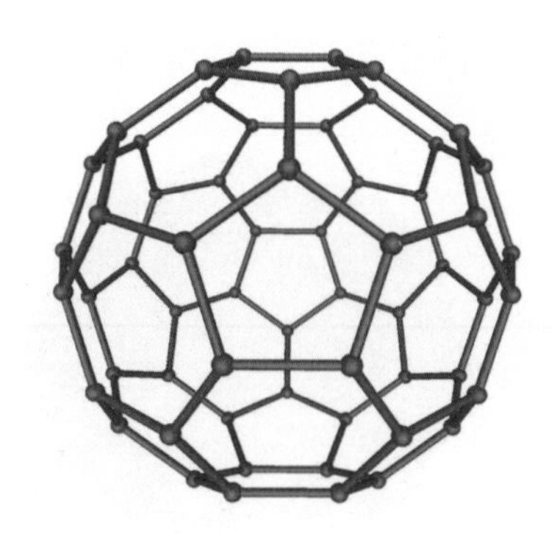

• 풀러렌 구조.

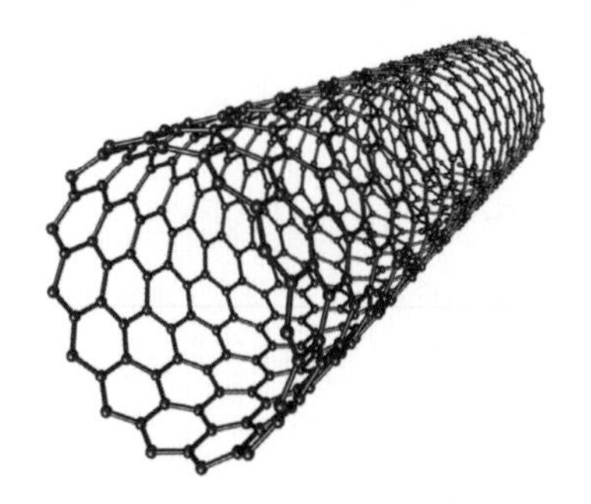

• 탄소 나노튜브 구조.

그래핀

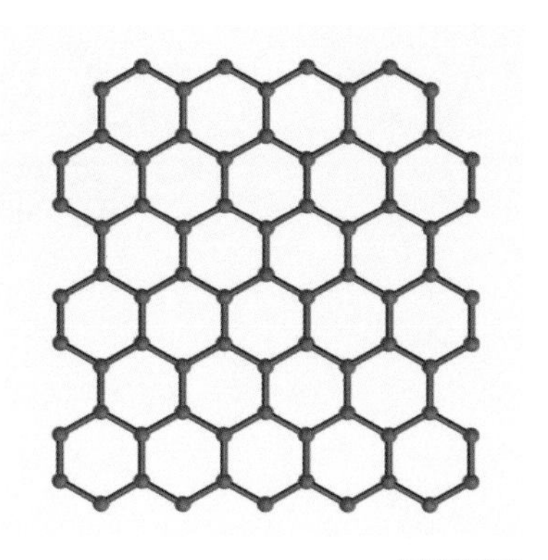

• 그래핀 구조.

그래핀(graphene)은 탄소 동소체 중 최근에 가장 주목받고 있는 물질이다. 종이처럼 2차원 형태로 이루어져 있다. 흑연에 스카치테이프를 붙였다가 떼어 내는 원시적인 방법으로 그래핀을 떼어 낼 수 있다(실제로 '스카치테이프 방법'이라 불린다). 이 방법을 개발한 네덜란드 물리학자 안드레 콘스탄티노비치 가임(Andre Konstantinovich Geim)과, 러시아의 물리학자 콘스탄틴 세르게예비치 노보셀로프(Konstantin Sergeevich Novoselov)는 2010년 노벨 물리학상을 수상했다. '꿈의 물질'이라고까지 불리는 그래핀은 자유자재로 접거나 말 수 있는 플렉서블 디스플레이(flexible display), 태양 전지, 의료, 진단, 트랜지스터를 비롯한 거의 모든 과학 분야에서 연구되고 있다.

발견자	모름		발견 연도	기원전	
어원	'숯'을 뜻하는 라틴어 'carbo'				
특징	우주에서 네 번째로 많고, 구조가 다양하다.				
사용 분야	기계, 전자, 생물, 화학을 비롯한 모든 분야				
원자량	12.011 g/mol	밀도	다이아몬드: 3.513 g/cm^3 흑연: 2.2 g/cm^3	원자 반지름	1.70 Å

규소 생명체는 존재할까

14족 탄소족

모래에서 추출되는 규소(silicon), 즉 실리콘은 오늘날 사회 전반에 걸쳐 사용되고 있다. 오죽하면 '또 다른 석기 시대'라는 말이 나오겠는가. 규소는 유리, 실리카 오일, 고분자, 고무 등 수많은 물품의 핵심 재료로 쓰이며, 전자 정보화 시대의 주요소인 반도체, 트랜지스터, 다이오드, 태양 전지 등에도 널리 사용된다.

법적으로 허용된 첨가물

규소의 단결정(single crystal, 모든 원자가 규칙적으로 배열돼 있는 하나의 결정)은 금속과 유사하다. 그러나 일반적으로 흔히 사용되는 규소는 이산화규소(SiO_2)로, 가루 형태로 폐에 들어가는 경우가 아니면 독성이 없다. 그래서 법으로 정한 기준에 맞춰 여러 생필품의 첨가물로 사용되고 있다. 치약, 커피 등은 물론이고 방부제와 흡착제(실리카 겔)에도 2% 이내로 사용된다.

• 규소.

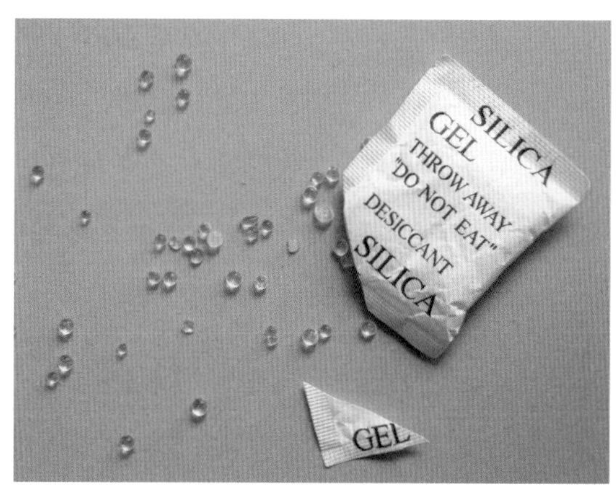

• 실리카 겔.

반도체와 에너지

반도체의 효율을 높이는 건 갈륨, 인듐, 탈륨 등의 13족 원소지만, 반도체의 핵심이 되는 건 바로 규소다. 샌프란시스코 지역의 반도체 기업 집약지를 '실리콘 밸리(Silicon Valley)'라고 부르는 이유도 여기 있다('밸리'는 완만하게 펼쳐진 샌타클래라 계곡을 가리킨다).

또한 규소는 화석 연료에 비해 몸에 덜 해롭고 환경오염이 적으며 다루기 쉽다는 점에서 미래 에너지로 평가받고 있다. 태양 전지를 구성하는 가장 핵심적인 요소도 규소다. 규소 화합물을 태워 에너지를 만드는 연구도 진행되고 있고, 이미 디젤 연료와 비슷한 에너지 효율을 내고 있다. 무수히 존재하는 흙으로부터 얼마든지 추출해 낼 수 있기에 고갈될 걱정도 없다.

규소 생명체?

탄소에 기반을 둔 지구 생명체처럼, 규소에 기반을 둔 외계 생명체가 존재할지도 모른다는 추측은 오래전부터 있어 왔다. 규소는 탄소와 마찬가지로 다른 원소와 결합이 쉽고 다양한 구조를 가질 수 있는 비금속 원소이므로 생명의 근원이 될 수 있다는 것이다. 학계에서는 고온, 고압 환경을 갖춘 행성에는 규소 생명체가 존재할지도 모른다고 가정하고 꾸준히 조사를 진행하고 있다.

발견자	옌스 야코브 베르셀리우스 (Jöns Jacob Berzerius)			발견 연도 1824년	
어원	'부싯돌'을 뜻하는 라틴어 'silex', 'silicis' (부싯돌에서 처음으로 확인됨)				
특징	지각에 두 번째로 풍부하게 존재하는 물질				
사용 분야	유리, 고무, 실리카 오일, 반도체, 태양 전지, 연료, 흡착제, 방부제 등				
원자량	28.085 g/mol	밀도	2.3296 g/cm^3	원자 반지름	2.10 Å

유사 과학의 함정

14족 탄소족

텔레비전이나 잡지에서 '게르마늄 건강 팔찌', '게르마늄 옥매트' 광고를 본 적이 있을 것이다. 대체로 혈액 순환, 독소 배출, 음이온 방출 등의 효과를 내세우며 높은 가격에 판매하는데, 이는 유사 과학에 바탕을 둔 함정일 뿐이다.

흔히 '게르마늄'이라고 불리는 저마늄(germanium)은 생명체에 필요하지 않은 원소다. 질병에 대한 치료 효과 역시 입증된 바 없다. 심지어 미국 식품의약국(FDA)은 저마늄을 섭취하면 오히려 몸에 해로울 수 있다고 발표했다.

저마늄이 건강에 좋다는 설은 1960년대 저마늄 화합물이 세균과 암세포를 사멸시키는 것을 관찰한 실험에서 비롯되었다. 하지만 저마늄이 세균과 암세포만 죽인다는 보장은 어디에도 없다. 건강한 세포들까지 죽인다는 보고도 있다. 단지 인삼을 비롯한 각종 건강식품에 저마늄이 포함되어 있다 보니 저마늄 자체에 어느 정도 약효가 있

• 저마늄.

지 않을까 추측만 하는 상황이다. 과학적으로 증명된 것은 없기에 현혹되어서는 안 된다.

저마늄은 지각에 53번째로 많이 존재하는, 그러니까 매우 조금밖에 존재하는 않는 원소여서 값도 어마어마하게 비싸다. 이러한 저마늄을 팔찌나 매트에 넣어 판다는 것 자체도 설득력이 떨어진다.

반도체에서 광학 장치로

앞서 살펴본 것처럼 오늘날 규소는 반도체와 트랜지스터를 구성하는 핵심 원소다. 그런데 규소가 이용되기 전에는 저마늄이 주재료로 사용됐다. 1945년 저마늄에서 반도체 성질이 발견되고 순도를 99.9999999%까지 높일 수 있다는 것을 확인한 뒤 산업계는 저마늄을 전자공학 분야에 적극적으로 사용해 왔다. 하지만 값이 비싸다는 게 문제가 됐고, 값싼 규소를 주재료로 쓸 수 있다는 것이 확인되면서 모든 전자공학 기기의 재료는 규소로 바뀌었다.

● 적외선을 통과시키는 저마늄은
야간 투시경 렌즈를 만드는 데 쓰인다.

이로써 산업계에서 저마늄의 입지가 좁아지는 듯했으나, 이후 광학 분야에서 유용하게 쓰이기 시작했다. 저마늄은 적외선을 통과시키고 굴절률이 아주 높다는 광학적 특성이 있는데, 이를 활용해 광섬유, 야간 투시경, 열 감지기 등 적외선 광학 장치에 이용하고 있다.

발견자	클레멘스 빙클러(Clemens Winkler)			발견 연도	1886년
어원	발견자의 조국 독일의 라틴어 이름 'Germania'				
특징	적외선 투과율, 굴절률, 전자 이동도가 높다. 약간의 향균성을 띤다.				
사용 분야	광섬유, 야간 투시경, 열 감지기, 카메라 렌즈 등				
원자량	72.630 g/mol	밀도	5.3234 g/cm^3	원자 반지름	2.11 Å

나폴레옹이 실패한 이유

14족 탄소족

나폴레옹이 1812년 러시아 원정에 실패한 원인은 여러 가지가 있다. 식량 보급 문제, 나폴레옹의 지휘 실수, 예상보다 추운 날씨로 인한 전투력 손실 등이다. 그중 '예상보다 추운 날씨로 인한 전투력 손실'에는 50번 원소 주석(tin)도 한몫했다.

당시 서유럽 국가들은 무기를 제외한 대부분의 금속 제품을 주석으로 만들었다. 비교적 무른 금속이라 주조와 제조가 쉬웠기 때문이다. 그런데 동소체가 가장 많은 원소인 주석은 온도가 18℃ 아래로 내려가면 구조가 회주석으로 바뀌어 바스러진다. 러시아 원정에 나선 프랑스 정규군의 옷에 달린 주석 단추도 그랬다. 단추는 모두 바스러졌고, 병사들은 차가운 바람과 눈보라를 견디기 위해 손으로 군복을 붙잡고 있어야 했다.

청동기 시대부터 오늘날까지

주석이 처음 사용된 것은 기원전 2100년 무렵으로 추정된다. 구리에 주석을 혼합해 만든 청동은 동서양을 가리지 않고 널리 퍼졌다. 주석 합금은 다양한 기능을 하기에 오늘날에도 많이 사용된다. 우리가 아는 '양철'도 철에 주석을 도금한 것이다. 알루미늄을 제련해 사용하기 전에는 캔도 주석으로 만들었다. 납땜에 사용되는 땜납 역시 납과 주석의 합금이다. 지금은 전기 회로를 만들 때 쓰는 이 땜납에 가장 많이 이용된다.

• 주석.

판유리를 만들다

건물 벽으로 쓰는 넓고 납작한 판유리는 어떻게 만들까? 녹아 있는 유리를 납작하게 편다고 생각할 수도 있지만, 그런 방식으로는 굴곡 없이 극도로 평평한 유리를 만들기 어렵다. 놀랍게도 판유리는 주석을 이용해 만든다. 액체 상태의 주석 위에 유리 물을 부으면 주석 표면에서 유리가 얇고 고르게 펴진다. 주석 처리로 유리의 강도 역시 살짝 높아지므로 물리적인 압연 방식보다 자주 이용된다.

발견자	모름		발견 연도	기원전 2100년 무렵 추정	
어원	원소 이름: '주석'을 뜻하는 앵글로색슨어 'tin'(추정) 원소 기호: '주석'을 뜻하는 라틴어 'stannum'				
특징	온도가 18℃ 아래로 떨어지면 회주석으로 바뀐다. 전기전도도가 높다.				
사용 분야	땜납, 장식품, 유리 제조, 도금, 합금 등				
원자량	118.710 g/mol	밀도	7.287 g/cm^3	원자 반지름	2.17 Å

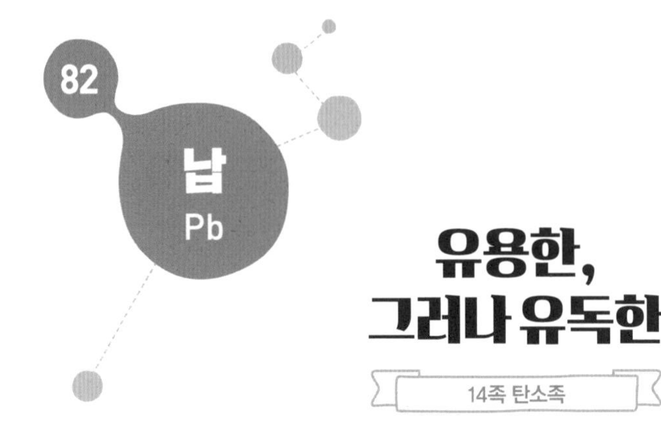

유용한, 그러나 유독한

14족 탄소족

납(lead)은 인류가 최초로 제련해서 사용한 금속이다. 녹는점이 약 327℃로 비교적 낮고 다양한 광석에서 손쉽게 추출할 수 있어 기원전 6400년부터 사용되어 왔다. 식기, 필기구 등을 비롯해 수많은 일상용품에 쓰였는데, 납의 독성과 중독 증상에 대해서는 20세기 중반에야 밝혀진다. 그러다 보니 납은 매우 오랫동안 알게 모르게 역사 곳곳에서 많은 문제를 일으켜 왔다. 대표적인 사건이 로마 제국의 쇠퇴다. 전 유럽에 위세를 떨치던 로마 제국은 추출과 제련이 쉬운 납으로 상수도관, 식기, 생활용품, 포도주 감미료 등을 만들었는데, 이로 인해 국민이 납 중독에 시달렸을 것이라 추측된다. 물론 로마 제국의 쇠퇴에는 여러 원인이 있지만, 납도 치명적인 영향을 미쳤다.

죽음을 부르는 납 중독

납은 우리가 가장 중독되기 쉬운 중금속이다. 식도, 피부, 폐 등을 통해 흡입하면 혈액과 뼈에 쌓여 빠져나가지 않고 계속 피해를 입힌다. 두통, 어지럼증, 불안감, 소화 장애, 정신 이상, 시력 저하, 청력 상실, 뇌 손상을 일으키며 사망에까지 이르게 한다. 베토벤의 청력 손실

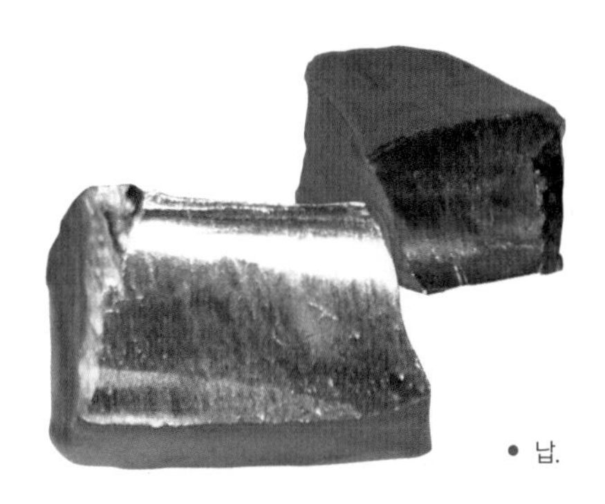
• 납.

과 사망의 원인 역시 납 중독이라는 주장도 있다. 2004년 베토벤의 머리카락을 정밀 분석했는데 정상인보다 100배 이상 많은 납이 검출됐기 때문이다. 납의 위험성을 전혀 모르는 채로 사회 전반에 사용한 시대였던 만큼 충분히 가능성이 있는 이야기다.

납의 독성이 알려지기 전까지 페인트, 휘발유, 장난감, 화장품을 비롯한 수많은 곳에 납이 사용됐으나 지금은 모두 다른 금속 원소로 대체됐다. 심지어 납땜에 사용하는 땜납조차 그 이름이 무색하게 구리, 주석, 은 등의 합금으로 만들며 납 사용을 엄격하게 제한하고 있다. 하지만 독성을 고려하지 않아도 되는 총알, 폭탄 등의 무기에는 여전히 쓰이고 있다.

납축전지

실생활에서 납이 가장 많이 쓰이는 곳은 납축전지다. 납축전지는 우리가 자동차 배터리로 흔히 사용하는 작은 상자 모양의 전지로, 납과 황산을 이용해 만든다. 1800년대 발명되어 지금까지 유용하게 쓰이고 있다. 무겁고 크지만 출력률이 높고 값이 저렴해 환경오염 문제가 있음에도 널리 사용된다.

• 방사선을 막는 납 벽돌.

엑스선 차폐

알다시피 우리 몸은 엑스선과 방사능에 노출되면 납 중독과 비교할 수 없을 정도로 큰 피해를 입는다. 그런데 놀랍게도, 높은 원자 번호와 전자를 가진 납은 자연계에 안정적으로 존재하는 마지막 원소로서 엑스선과 방사능을 효과적으로 막아 준다. 그래서 엑스선 촬영할 때 쓰는 엑스선 차폐막, 안전복, 원자로 차단재, 핵폭탄 방공호 내벽 보호재 등으로 쓰인다.

발견자	모름		발견 연도	기원전 6400년 이전 추정	
어원	원소 이름: '납'을 뜻하는 앵글로색슨어 'lead' 원소 기호: '무른 금속'이라는 라틴어 'plumbum'				
특징	무른 중금속으로, 몸 안에 축적된다. 엑스선과 방사능을 막는다.				
사용 분야	납축전지, 엑스선·방사능 차폐재 등				
원자량	207.2 g/mol	밀도	11.3 g/cm^3	원자 반지름	2.02 Å

114

플레로븀

Fl

기체로 존재하는 금속

14족 탄소족

금속 원소는 대개 고체 상태로 존재하지만 그렇지 않은 경우도 있다. 우리에게 익숙한 금속 원소인 수은도 상온에서 액체로 존재한다. 그렇다면 기체 상태로 존재하는 금속은 없을까? 있다. 악티늄족 원소에서 다룰 코페르니슘과 지금 살펴볼 114번 원소가 그 주인공이다.

1998년 러시아 두브나 합동원자핵연구소(JINR)와 미국 로런스리버모어국립연구소(LLNL)의 공동 연구진이 플루토늄-244 표면에 칼슘-48 이온 빔을 쪼여 새로운 원자 한 개를 발견한다. 그리고 반복적인 실험을 통해 같은 결과를 수차례 성공적으로 재현한다. 임시로 '우눈쿼듐(ununquadium, Uuq)'이라 불리던 이 원소의 이름은, 2011년 합동원자핵연구소의 하부 조직인 플레로프핵반응연구소(FLNR)의 설립자 게오르기 플레로프에서 이름을 딴 '플레로븀(flerovium)'으로 확정된다.

• 게오르기 플레로프.

여느 인공 원소들과 마찬가지로 플레로븀 역시 수 개에서 수십 개의 원자만 합성되고 빠른 시간 안에 붕괴하기 때문에 물리화학적 성질을 분석하기가 어렵다. 다만 휘발성이 강하고 끓는점이 150℃ 정도 될 것이라 추측된다. 이는 금속 원소치고 굉장히 낮은 온도로, 표준상태(25도, 1기압)에서 기체로 존재할 것이라 예상된다.

발견자	두브나 합동원자핵연구소(JINR), 로런스리버모어국립연구소(LLNL)				발견 연도 1998년
어원	러시아 핵물리학자 '게오르기 플레로프(Georgy Flerov)'				
특징	표준상태에서 기체로 존재할 것이라 추측된다.				
사용 분야	없음				
원자량	289 g/mol	밀도	모름	원자 반지름	모름

7

질소
N

유독한 공기? 웃음 가스!

15족 질소족

질소(nitrogen)는 지구 대기의 무려 78%를 차지한다. 게다가 식물 비료의 필수 요소이자 동물의 몸을 구성하는 아미노산의 핵심 원소다. 지구와 생명체에 반드시 필요한 원소인 것이다. 그런데 이러한 질소가 발견 초기에는 생명을 죽이는 '유독한 공기'로 알려져 많은 사람이 꺼렸다.

1772년 스코틀랜드의 화학자이자 의사인 대니얼 러더퍼드는 공기의 연소 반응에 대해 연구하다 놀라운 장면을 목격한다. 실험하고 남은 기체에 쥐를 넣었는데 쥐가 질식해 죽은 것이다. 이는 연소로 인해 산소가 모두 소모되어 나온 결과지만, 당시에는 기체에 대한 연구가 부족했기 때문에 생명체를 '질식'시키는 기체가 있다고 판단했다. 그리고 '유독한 공기'를 발견했다고 발표한다. '질소(窒素)'라는 이름도 '질식시키는 성질'이라는 뜻에서 나온 것이다.

오늘날 우리는 질소가 생명체를 질식시키는 게 아니라는 사실을 안다. 그러나 지구 대기에 가득한 수많은 질소가 어디에서 나온 것인지는 여전히 미스터리다.

비료의 3대 요소

동식물은 질소를 반드시 일정량 이상 섭취해야 생명을 유지할 수 있다. 동물은 채소나 육류를 먹음으로써 손쉽게 보충할 수 있지만, 식물은 뿌리혹박테리아와 공생하는 콩과 식물을 제외하고는 땅속에 녹아 있는 질소를 흡수하는 수밖에 없다. 그래서 땅에 질소가 얼마나 있느냐에 따라 농사에 적합한 토질이 결정된다. 질소는 인, 포타슘과 함께 비료의 3대 요소로 꼽힌다.

액체 질소

질소는 양이 많고 안정적이며 반응성이 낮아 다양한 분야에서 활용된다. 특히 영하 196℃ 이하에서 액화되어 액체 질소가 되는데, 이는 아이스크림을 만들거나 저온 조리를 하는 데 사용될 뿐만 아니라 식품 공업, 전자, 초전도체, 물질의 동결과 보존 등 과학 분야에도 널리 쓰인다. 다른 액화 가스보다 저렴하다는 것도 장점인데, 같은 양의 맥주 값과 별 차이가 없었던 적도 있다고 한다. 영화에 이따금 등장하는 급속 냉각 무기도 액체 질소에서 아이디어를 얻은 것이다.

최초의 마취제

최초로 활용된 질소 산화물은 아산화질소(N_2O)로, 치과 진료에 사용된 최초의 마취제다. 마시면 사람을 웃게 만들고 고통을 잊게 한다고 해서 '웃음 가스'라고 불렸다. 이외에도 질소와 산소의 화합물은 산화제, 미사일의 액체 연료, 자동차와 오토바이의 급속 추진 분사체 등으로 활용된다.

• 액체 질소 아이스크림 제조기. 실온 재료에 액체 질소를 넣고 저으면 아이스크림이 된다.

죽음의 상인

인류 역사를 보면 발명한 사람의 의도와 전혀 다른 방향으로 발명품이 쓰인 경우가 많다. 그중에는 질소와 관련된 발명품들도 있는데, 산업을 발전시키기 위해 개발했지만 전쟁에 이용된 다이너마이트가 대표적인 예다. 노벨이 다이너마이트를 만들 때 사용한 폭발성 물질인 니트로글리세린(nitroglycerine)에서 '니트로(nitro)'는 질소다. 다이너마이트 외에 흑색 화약, 트라이나이트로톨루엔(TNT) 폭약 등도 모두 질소 화합물로 만들어진다. 노벨은 다이너마이트를 광산 개발에 사용하길 원했지만 전쟁은 다이너마이트를 무기로 쓰게 만들었고, 노벨은 그로 인해 결국 '죽음의 상인'이라는 오명까지 쓴다.

또 다른 발명품은 암모니아(NH_3)다. 대기 중의 질소는 반응성이 낮기 때문에 수소와의 화합물인 암모니아를 만들어 사용하는데, 초기에는 암모니아 생산에 많은 어려움을 겪었다. 그러던 중 독일의 화학자 프리츠 하버(Fritz Haber)가 질소와 수소를 직접 반응시켜 대량의 암모니아를 생산하는 하버-보슈법을 개발한다. 덕분에 인류는 질소 비료를 대량으로 만들어 농작물을 재배함으로써 식량 생산 문제에서 자유로워져 녹색 혁명의 한 걸음을 뗄 수 있었다. 하지만 사실 하버-보슈법은 1차 세계대전을 끝낼 독가스를 만들기 위해 진행한 연구의 결과였다. 그래서 아직까지도 많은 비난을 받고 있는데, '암모니아 합성'이라는 공로가 워낙 커 1918년 노벨 화학상까지 수상한다.

<table>
<tr><td>발견자</td><td colspan="3">대니얼 러더퍼드(Daniel Rutherford)</td><td>발견 연도</td><td>1772년</td></tr>
<tr><td>어원</td><td colspan="5">'초석'을 뜻하는 그리스어 'nitron'과 '만들다'라는 뜻의 그리스어 'genes'</td></tr>
<tr><td>특징</td><td colspan="5">지구 대기의 주성분이며, 지각에 다량 분포해 있다. 반응성이 낮다.</td></tr>
<tr><td>사용 분야</td><td colspan="5">액체 질소, 비료, 화약 등</td></tr>
<tr><td>원자량</td><td>14.007 g/mol</td><td>밀도</td><td>0.001145 g/cm^3</td><td>원자 반지름</td><td>1.55 Å</td></tr>
</table>

15

인
P

꺼지지 않는 불

15족 질소족

'이스라엘, 팔레스타인 가자 지구(Gaza Strip) 백린탄 폭격!'

'러시아, 시리아 라카(Ragga) 백린탄 폭격!'

종교적, 역사적 갈등으로 들끓고 있는 중동 지방에서 끊이지 않고 들려오는 소식들이다. 이런 일이 벌어질 때마다 국제 사회는 비인간적인 행위라고 비난하며 목소리를 높인다. 그렇다면 '백린탄'이 뭐기에 '비인간적'이라고 하는 걸까.

백린(white phosphorus)은 '인(燐, phosphorus)'의 한 종류다. 인은 원자 배열에 따라 적린, 흑린, 황린, 자린, 백린 등 다양한 동소체가 존재한다. 백린탄은 말 그대로 백린이라는 물질을 이용해서 만든 폭탄이다. 백린은 다른 동소체들과 달리 공기 중에서 자연 발화하며, 독성이 매우 높아 몸에 닿는 것만으로도 사람을 중독시켜 죽음으로 몰 수 있다. 백린탄을 쏘면 백린이 하늘에서 폭발하며 사방으로 흩뿌려진다. 그리고 사람 몸에 눌어붙어 몸을 불태운다. 백린으로 인한 불은 일반적인 불과 다르게 문지르거나 바닥에

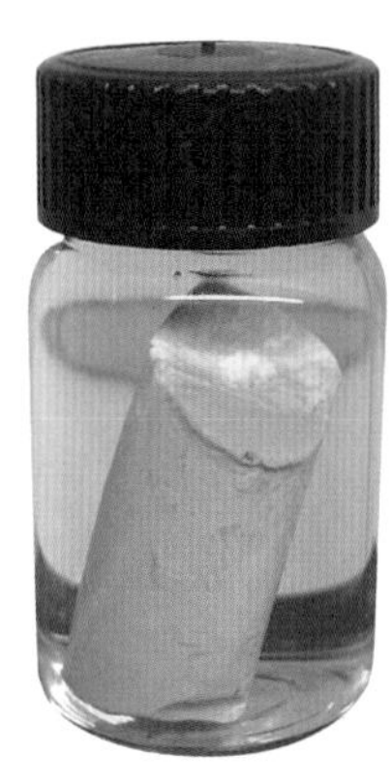

• 물이 든 유리병 안의 백린.

• 미국은 1966년 베트남에 백린탄을 투하했다.

굴려도 꺼지지 않는다. 심지어 물에 들어가도 씻기지 않아 물이 마르면 다시 저절로 불타오른다. 그래서 백린탄에 노출되면 사실상 그 부위를 도려내거나 아예 잘라 낼 수밖에 없다. 이러한 잔인성 때문에 국제 사회에서는 백린탄을 금지 무기로 분류한다.

백린은 아무리 주의해서 취급해도 장기간 다루면 몸과 뼈에 쌓인다. 그러면 인악증이라는 중독 증상이 나타나는데, 이가 어둠 속에서 빛나고, 아프고, 아파서 이를 뽑으면 턱뼈까지 부서져 나온다. 백린은 1995년 일본 도쿄 지하철 독극물 살포 사건, 2차 세계대전 당시 나치의 유대인 대학살에 사용된 독극물인 사린가스를 만드는 데도 쓰였다. 제초제, 살충제 등에도 쓰이므로 주의가 필요하다.

소변 끓이다 발견

인은 연금술 실험을 하다가 발견됐다. 1669년 독일의 연금술사 헤닝 브란트가 은을 금으로 바꾸는 실험에서 자신의 소변을 모아 증발시키던 중 빛을 내는 신비한 물질, 인을 발견한 것이다. 그래서 '빛을 가져오는 자'라는 뜻의 그리스어 'phosphoros'에서 이름을 따왔다. 당시 '현자의 돌'을 발견했다는 소문이 돌아 폭발적인 관심을 끌었다고 한다.

생명의 핵심 요소

놀랍게도 인은 인간을 비롯한 동식물의 생명 유지에 꼭 필요한 물질이다. 생명체의 유전 정보를 담은 DNA도 인 산화물로 되어 있으며, 근육과 생체 반응의 주 에너지로 쓰이는 아데노신삼인산(ATP)에도, 세포의 형태를 유지시키는 세포막에도 인이 포함되어 있다. 몸 안의 산도를 적정 수준으로 맞추는 데도 인이 작용한다. 그러다 보니 적정량의 인은 생체에 적합해 음식물의 산화제로도 활용된다. 대표적인 음식물이 콜라다. 그 밖에 성냥의 제조에 사용되는 적린, 반도체 제조에 활용되는 흑린 등도 고체 상태로는 인체에 독성이 거의 없다. 오늘날 다양한 분야에서 유용하게 쓰이고 있다.

발견자	헤닝 브란트(Hennig Brandt)			발견 연도	1669년
어원	'빛을 가져오는 자'라는 뜻의 그리스어 'phosphoros'				
특징	다양한 동소체가 있다. DNA와 세포막의 주성분이다.				
사용 분야	성냥, 살충제, 폭탄, 식품 첨가제, 비료, 합금 등				
원자량	30.974 g/mol	밀도	1.823 g/cm^3	원자 반지름	1.80 Å

독약에서 약으로

15족 질소족

많은 사람이 '독'이라고 하면 초록색을 떠올린다. 수많은 소설, 만화, 컴퓨터 게임에서 독은 초록색으로 표현된다. 도대체 이러한 인식은 어디서 나온 것일까?

패리스 그린(paris green)은 산화비소와 구리의 복합 산화물로 만든 쥐약이다. 18세기 프랑스에서 처음 만들어졌는데, 이 쥐약이 바로 오늘날 '에메랄드 그린'이라 불리는 초록빛을 띤다. 당시 이 색에 반한 많은 사람이 쥐약이라는 원래 용도를 무시하고 집을 패리스 그린으로 칠했다고 한다. 포도주에 의한 비소(arsenic) 중독으로 죽었다고 알려진 나폴레옹 역시 이 색을 너무나 사랑했는데, 방을 온통 패리스 그린으로 칠해 비소에 중독된 것이라는 설도 있다.

• 비소.

가장 유명한 독

순수한 비소는 독성이 없지만 산소와 결합해 형성되는 가루 형태의 백색 비소는 독성이 강하다. 사실상 자연 상태에서 확보할 수 있는 비소 화합물은 모두 독성이 있다고 봐도 된다.

• 패리스 그린 캔.
독극물 표시가 돼 있다.

비소 화합물은 일반적으로 무색무취에 약간의 단맛이 있고 검출도 쉽지 않아 독약으로 많이 쓰였다. 로마 교황 알렉산데르 6세도 정적을 독살하는 데 비소를 썼다. 일반인 사이에서도 살인 도구로 널리 사용되었고, 자연스럽게 소설, 연극 등에서 흥미로운 소재로 다루어졌다.

동양에서는 비상(砒霜)이라는 비소 화합물이 사약의 핵심 재료로 쓰였다. 조선 시대에 널리 사용되었으며, 연산군의 어머니인 폐비 윤씨의 처형에 이용되었다는 기록도 있다. 사극에 나오는 것처럼 사약을 마시자마자 고통을 호소하며 피를 토한 건 아니다. 비소는 단맛이 나고, 값이 비싸고, 자연스럽게 죽음에 이르도록 했기에 지위가 높은 사람을 처형할 때 썼다. 비소가 듣지 않아 사망하지 않은 경우도 이따금 있었다고 한다.

약으로 쓰다

많은 원소가 그렇듯 비소 역시 사용하기에 따라 독약이 될 수도, 약이 될 수도 있다. 영국 빅토리아 시대에는 적은 용량에 한해 일반적인 약으로 썼고, 오늘날에도 급성 골수성 백혈병 치료제와 매독 치료제로 사용하고 있다. 의료뿐 아니라 산업적으로도 13족 원소들과 혼합해 반도체, 발광다이오드(LED)를 제조하는 데 쓴다. 독성과 문제점이 명확히 밝혀져서 오히려 안전하게 이용되고 있는 원소다.

2010년 미국 항공우주국(NASA)은 인 대신 비소를 사용하는 박테리아를 발견해 지구 생명체와 근본적으로 다른 새로운 생명체의 존재 가능성을 제시하기도 했다. 그러나 이는 실험상의 실수가 있던 것으로 밝혀져 황당한 사건으로 그쳤다. 물론 우주 어딘가에는 정말 외계 생명체가 존재할지도 모르지만 아직까지는 밝혀진 것이 없다.

발견자	알베르투스 마그누스(Albertus Magnus)			발견 연도	1250년 무렵
어원	‘노란색 염료’를 뜻하는 그리스어 ‘arsenikon’				
특징	독성이 매우 강하다.				
사용 분야	합금, 반도체, 발광다이오드, 살충제, 방부제, 의약품 등				
원자량	74.922 g/mol	밀도	5.75 g/cm^3	원자 반지름	1.85 Å

51

안티모니

Sb

중세의 변비약

15족 질소족

안티모니(antimony)는 자연계에 존재하는 양이 매우 적다. 기원전 4000년 무렵 도자기에 사용되었고, 고대 이집트에서는 눈썹 화장에 널리 쓰였다는 기록이 파피루스에 남아 있다. 대체로 다른 물질에 섞여서 존재하기에 '반대'라는 뜻의 그리스어 'anti-'와 '고독'이라는 뜻의 'monos'를 합해 이름 지어졌다. 원소 기호 'Sb'는 안티모니 함량이 높은 휘안석(stibnite)에서 유래한다. 금속 상태에서는 납과 구분하기 어려워 16세기에 이르러서야 성공적으로 분리, 보고된다. 안티모니는 중국에서 88%를 생산하고 있다.

영원의 알약

안티모니는 중세에 설사를 유발하는 변비약으로 쓰였다. 심지어 안티모니로 만든 약은 대변과 함께 그대로 빠져나와 다시 씻어서 사용할 수 있었기 때문에 '영원의 알약(everlasting pill)'이라 불렸다. 하지

• 안티모니가 함유된 휘안석.

만 안티모니의 독성이 밝혀지면서 사용이 금지되었다. 안티모니는 페트병에 농축되어 중독을 유발한다는 보고도 있어 오늘날에는 산업 분야 외에 잘 쓰이지 않는다.

육플루오린화안티모니산

안티모니는 여러 광물 또는 금속과 혼합되는 성질이 강해 합금 형태로 널리 사용된다. 납-안티모니 합금은 배터리, 금속 활자, 무연 납땜, 뇌관, 총알, 전선, 차폐재, 피복 등으로 쓰인다.

화학적으로는 염산, 황산, 질산 등의 강산보다 약 100억 배 강한, '마법의 산(magic acid)'이라 불리는 초강산 '육플루오린화안티모니산($HSbF_6$)'을 제조하는 데도 쓰인다. 이처럼 다양한 분야에 널리 사용되고 있지만 독성 때문에 환경적으로, 생물학적으로 조심스러운 부분이 있다. 지각에 존재하는 양도 적어 대체할 물질을 찾는 데 많은 노력을 기울이고 있다.

발견자	모름		발견 연도	기원전	
어원	'반대'라는 뜻의 그리스어 'anti-'와 '고독'이라는 뜻의 'monos'				
특징	쉽게 부서진다. 독성이 약간 있다.				
사용 분야	합금, 의약품, 금속 활자, 반도체 등				
원자량	121.760 g/mol	밀도	6.68 g/cm^3	원자 반지름	2.06 Å

83

비스무트

Bi

안전한 중금속

15족 질소족

비스무트(bismuth)는 중금속이지만 독성이 없고 안전하다. 1500년 무렵 이름 모를 연금술사가 발견했으나 납, 안티모니, 주석 등과 구분하기가 어려워 정확한 보고 시점에 대해서는 의견이 분분하다. 일반적으로 1753년 프랑스의 화학자 클로드프랑수아 조프루아(Claude-François Geoffroy)가 다른 금속과의 차이점을 밝힌 것으로 알려져 있다.

어원 또한 여러 학설이 있다. '녹다'라는 뜻의 라틴어 'bisemutum'에서 유래했다는 설, '하얀 금속'이라는 뜻의 독일어 'weisse masse'에서 유래했다는 설, 그리고 '안티모니처럼 보인다'라는 뜻의 아랍어 'bi ismid'로부터 유래했다는 설 등이다. 결국 비스무트라는 이름의 기원은 정확히 알 수 없는 것으로 결론 내려졌다.

방사성 붕괴하는 동위원소가 있다는 게 2003년 밝혀졌지만, 반감기가 약 1900경 년(우주 나이의 약 14억 배)이기에 인간의 수명을 고려하면

• 무지개 빛깔을 띠는 비스무트.

사실상 안전한 물질이다. 또 비스무트는 물처럼 액체 상태일 때 고체 상태보다 밀도가 큰, 몇 안 되는 물질이다.

역사가 깊은 금속 물질

비스무트 합금의 공식적인 첫 활용은 1450년 무렵으로 거슬러 올라간다. 서양 최초로 금속 활자를 개발한 독일의 요하네스 구텐베르크(Johannes Gutenberg)가 다양한 합금을 이용한 금속 활자를 개발하다 납-비스무트 합금의 금속 활자를 만든 것이다. 그 이후로 비스무트는 납과 유사한 특성을 가지고 있으나 환경오염 문제가 없고 독성이 없다는 엄청난 장점 덕분에 납의 대체 금속으로 떠올랐다. 무연 땜납을 비롯해 다양한 분야에서 연구, 개발되고 있다.

비스무트의 녹는점은 약 271℃로 낮은 편인데, 비스무트-납-주석-카드뮴 합금으로 만들면 70℃ 정도까지 낮아져 화재경보기 살수 장치의 온도 감지 모듈로 사용되고 있다. 안료, 화장품, 인조 진주, 전자 재료 분야에서 널리 사용된다.

차세대 조영제

비스무트는 금속 자체로도, 합금으로도 독성이 거의 없기에 300여 년 전부터 화장품, 의약품으로 활용되어 왔다. 오늘날에도 지사제인 차살리실산비스무트(bismuth subsalicylate), 위궤양 치료제인 차시트르산비스무트(bismuth subcitrate)를 비롯해 장염, 피부 질환, 매독 등의 치료제로 다양하게 쓰이고 있다. 백금 기반 항암제인 시스플라틴(cisplatin)의 부작용 완화제, 엑스선 노출을 막아 주는 보호용 내피 제작에도 사용된다. 최근에는 의료용 CT에 쓰는 아이오딘 화합물 조영제의 독성을 해결할 차세대 조영제로 금 나노입자와 함께 언급되며 관심을 받고 있다. 비스무트는 엑스선 조영제로 이용되는 바륨처럼 안전한 중금속이다.

발견자	모름		발견 연도	1500년 무렵 추정	
어원	'녹다'라는 뜻의 라틴어 'bisemutum' '하얀 금속'이라는 뜻의 독일어 'weisse masse' '안티모니처럼 보인다'라는 뜻의 아랍어 'bi ismid'				
특징	독성이 낮고 결정의 빛깔이 아름답다.				
사용 분야	금속 활자, 의약품, 엑스선 차폐재 등				
원자량	208.980 g/mol	밀도	9.79 g/cm^3	원자 반지름	2.07 Å

모스코븀

Mc

UFO의 연료?

15족 질소족

115번 원소는 2003년 러시아의 두브나 합동원자핵연구소와 미국의 로런스리버모어국립연구소 합동 연구진이 아메리슘-243에 포타슘-48을 충돌시켜 발견했다. 당시 단 한 개의 원자를 합성했는데, 여느 인공 원소들과 마찬가지로 방사성이 강해 0.1초 만에 붕괴해 니호늄으로 바뀌었다고 한다.

발견 초기에는 우눈펜튬(ununpentium, Uup)으로 불렸다. 115번 원소이기에 1을 뜻하는 'un' 두 개와 5를 뜻하는 'pent', 금속을 뜻하는 접미사 '-ium'을 합쳐 만든 것이다. 2013년 스웨덴의 연구진이 같은 방식으로 우눈펜튬 합성을 재현한 뒤 2016년 6월 실험을 수행한 두브나 연구소가 있는 러시아 모스크바 주의 이름을 따와 모스코븀(moscovium)으로 확정했다. 물론 모스코븀에 대한 물리화학적 특성은 전혀 보고된 것이 없다.

• 밥 라자르.

미국의 핵물리학자 밥 라자르(Bob

Lazar)는 이 원소가 UFO의 연료로 사용된다고 주장했다. 그러나 물증이 없어 SF 소설의 소재로만 활용되고 있다. 연구 외의 활용 가능성은 아직 없으며, 생물학적으로 어떠한 영향을 끼치는지도 전혀 알려진 것이 없다.

<table>
<tr><td rowspan="2">발견자</td><td colspan="3" rowspan="2">두브나 합동원자핵연구소(JINR),
로런스리버모어국립연구소(LLNL)</td><td colspan="2">발견 연도</td></tr>
<tr><td colspan="2">2003년</td></tr>
<tr><td>어원</td><td colspan="5">러시아의 '모스크바(Moskva) 주'</td></tr>
<tr><td>특징</td><td colspan="5">모름</td></tr>
<tr><td>사용 분야</td><td colspan="5">없음</td></tr>
<tr><td>원자량</td><td>289 g/mol</td><td>밀도</td><td>모름</td><td>원자 반지름</td><td>모름</td></tr>
</table>

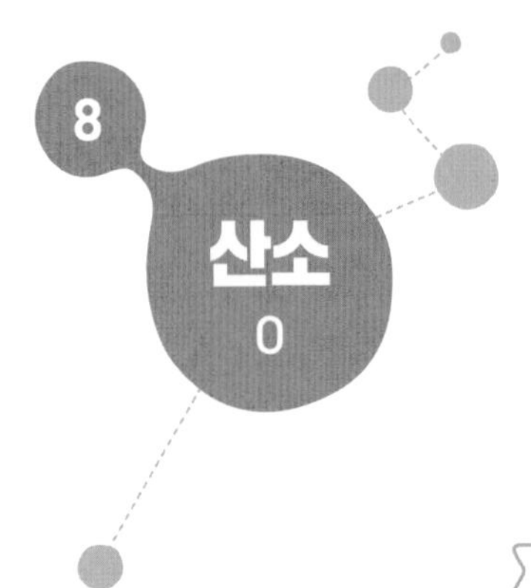

가장 소중한 원소

16족 산소족

진부하지만 한번 생각해 보자. 지구에서 산소(oxygen)라는 원소가 사라지면 어떤 일이 일어날까? 음식이 없으면 3주, 물이 없으면 3일, 산소가 없으면 3분밖에 못 산다는 이야기를 들어 봤을 것이다. 산소가 지구 생명체의 생존에 얼마나 중요한 원소인지 설명할 때 늘 따라오는 말이다. 그런데 사실 산소의 중요성은 이렇게 단순하지 않다.

지구에서 산소가 5초만 사라져도 자외선이 그대로 들어와 모든 생명체는 즉시 화상을 입게 된다. 금속 표면의 산화막이 사라져 모든 금속 제품은 엉켜 붙고, 콘크리트로 지어진 모든 건물은 바로 무너져 내린다. 지각의 49.2%를 구성하는 산소가 없어지는 순간 땅은 무너져 내린다. 압력 변화로 고막을 비롯한 모든 세포가 터진다.

자, 기억하자. 산소는 호흡뿐만 아니라 지구를 구성하는 가장 중요한 핵심 원소다.

산소가 많아진다면?

생명 유지에 반드시 필요한 산소가 지금보다 많아진다면 어떤 일이 생길까? 그때부터 산소는 독이 된다. 혈압이 올라가고, 어지러움, 메

● 산소는 지구와 인간을 구성하는 가장 중요한 원소다.

스꺼움, 구토 등의 증상을 보이다 죽게 된다. 이를 '산소 중독'이라고 한다. 우리 몸은 호흡할 때 폐에서 산소와 이산화탄소를 교환해 적혈구가 산소를 공급하도록 설계되어 있는데, 산소가 너무 많으면 폐가 끝없이 산소를 흡수해 찌그러지고 폐를 구성하는 세포들이 타 버려 호흡이 불가능해진다.

또 산소가 너무 많으면 철을 비롯해 연소 가능성이 있는 모든 물질이 불타오른다. 지구 전체가 용접된다고 보면 된다. 지구 대기의 21%가 산소로 이루어져 있는데, 17%로 떨어지면 호흡이 불가능해지고, 25%로 오르면 유기 물질이 불타오른다. 경이롭게도 현재 지구에는 딱 적당한 양의 산소가 존재하고 있다. 덕분에 우리는 지구에서 아무런 문제 없이 생존하고 있는 것이다.

거의 모든 물질과 반응하다

산업적, 공업적 이용에 있어서도 산소는 핵심적인 역할을 하고 있다. 거의 모든 물질과 반응하며, 알코올, 에스터를 비롯한 대부분의 유기 물질 제조와 제철, 금속 제련 등의 무기 재료 분야에서 다양하게 쓰인다. 그 외에도 호흡기, 용접, 치료, 로켓 연료 등 수많은 분야에서 이용되고 있다.

발견자	조지프 프리스틀리(Joseph Priestley)			발견 연도	1774년
어원	'산'을 뜻하는 그리스어 'oxy'와 '만들다'는 뜻의 'genes'				
특징	지구 대기와 지각의 주성분으로, 생명체 호흡의 필수 요소다.				
사용 분야	호흡기, 제철, 제련, 제조, 용접, 연료 등				
원자량	15.999 g/mol	밀도	0.001308 g/cm^3	원자 반지름	1.52 Å

지옥의 온도

16족 산소족

'유황'이라고도 불리는 황(sulfur)은 정확히 언제 발견되었는지 짐작도 할 수 없을 만큼 오래전부터 이용되어 왔다. 고대에는 화산에서 주로 발견되었고, 독특한 냄새와 불타는 성질 때문에 많은 문헌에서 신비하게 다뤄졌다. 《구약성서》에는 타락한 도시 '소돔'과 '고모라'를 유황불로 태우는 장면이 나오고, 호메로스(Homeros)의 《오디세이(Odyssey)》와 플리니우스(Plinius)의 《박물지(Histoire Naturalis)》에는 황을 의약품으로 사용하는 방법이 기록되어 있다. 지독한 냄새와 노란 색깔, 불타는 성질 때문에 유독해 보이지만, 사실 황은 오늘날 국력의 척도로 황의 생산량이 꼽힐 만큼 중요한 역할을 하고 있다.

여기서 잠깐, 지옥은 몇 도일까? 지옥을 "유황으로 된 끓는 연못"이라고 묘사한 성경 구절을 근거로 추론하면 무려 444.6℃ 이상이다. 황의 끓는점이 444.6℃이기 때문이다. 물론, 정답은 알 수 없다.

우리 몸의 필수 원소

생물학적인 관점에서 황은 우리 몸을 구성하고 정상적으로 작동하게 만드는, 매우 중요한 역할을 하고 있다. 황과 수소가 결합한 사이올

(thiol, -SH)이라는 형태로 단백질을 비롯한 생체 분자에 많이 포함되어 있는데, 사이올이 다른 사이올과 만나 이황화 결합(-S-S-)이라는 연결을 만들어 내고 단백질이 이를 통해 평면, 나선형 등의 구조를 유지하면 우리 몸이 물리적인 내구성을 갖춰 다양한 3차원 구조를 유지할 수 있게 된다. 머리카락, 피부 등을 구성하고 소화를 시키는 등 우리 몸을 정상적으로 작동하게 하는 모든 생물학적인 반응에 결정적인 역할을 하고 있다.

냄새가 지독한 황 화합물

황은 사용되는 곳이 무궁무진하다. 고무, 살충제, 살균제, 파마 약, 의약품, 화학 물질, 축전지 등 산업 분야에 널리 쓰인다. 그러다 보니 광물로부터 황을 추출하는 기술도 굉장히 발달해 있다. 근대까지는

• 오늘날에도 일부 국가는 화산 지대에서 황을 채취한다.

화산 지대에서 원소 상태의 황을 채취해 사용했는데, 오늘날에도 화산 지대가 있는 나라는 이 같은 방식으로 황을 생산한다.

황 화합물은 대부분 지독한 냄새가 난다. 우리가 쉽게 접하는 황 화합물인 황화수소(H_2S)는 시궁창, 방귀와 비슷한 냄새가 난다. 그런데 이 독한 냄새도 쓸모가 있다. 가스 누출을 감지하는 데 이용되는 것이다. 가스에 황화수소를 조금 섞으면 가스가 누출됐을 때 재빨리 알아차릴 수 있다.

산성비의 주요소인 아황산 등 몇몇 화합물을 제외한 자연적인 황 화합물은 독성이 높지 않고 살균 효과가 좋다. 그래서 유황 온천, 유황오리 등 건강과 관련해서도 많이 이용되고 있는 원소다.

발견자	모름		발견 연도	기원전		
어원	'불의 근원'이라는 뜻의 산스크리트어 'sulvere'					
특징	독한 냄새가 나고, 살균 효과가 있다.					
사용 분야	고무, 살균제, 파마 약, 의약품, 축전지, 가스 누출 감지 등					
원자량	32.06 g/mol	밀도	2.07 g/cm^3	원자 반지름	1.80 Å	

베르셀리우스를 죽이다

16족 산소족

비타민 보조제 성분 표를 주의 깊게 살핀 적이 있다면 봤을 수도 있지만, 대부분의 사람에게 셀레늄(selenium)은 아주 낯선 원소다. 복사기와 레이저 프린터의 감광막에 주로 사용되며, 적은 양이나마 여러 생명체에게 꼭 필요하다. 브로콜리는 토양으로부터 흡수한 셀레늄을 축적해 병충해를 막는 데 쓴다.

위대한 화학자 베르셀리우스

옌스 야코브 베르셀리우스는 '근대 화학의 아버지'라고 불릴 정도로 화학의 역사에 대단한 업적을 남긴 인물이다. 멘델레예프와 더불어 주기율표를 만드는 데 기여했고, 최초로 황에 대해 체계적인 연구를 하기도 했다. 베르셀리우스는 원소도 여러 개 발견했는데, 셀레늄도 그중 하나다. 황으로 황산을 만드는 실험을 하다 반복적으로 불순물 찌꺼기가 만들어지는 것을 확인한 뒤 이를 분석해 셀레늄 원소를 찾아냈다.

셀레늄은 섭취했을 때 사람의 기분을 좋게 만드는 효과가 있어 셀레늄 우유, 셀레늄 닭, 셀레늄 생수 등이 만병통치약처럼 판매되어 왔다. 하지만 이 역시 유사 과학에 의해 잘못 이용된 사례다. 셀레늄은 우리 몸에 반드시 필요하지만 필요로 하는 양이 매우 적다. 많이 섭취하면 오히려 빈혈, 고혈압, 암을 비롯한 중독 증상을 일으킨다. 실험 과정에서 셀레늄화수소(H_2Se)에 너무 많이 노출된 베르셀리우스도 셀레늄 중독으로 사망했다.

광학적, 의학적 이용

셀레늄은 다양한 광학 기기에 활용되고 있다. 발광다이오드의 핵심 원소 중 하나로, 엑스선·감마선 검출기, 적외선 레이저 등에도 쓰인다. 셀레늄의 양을 적절히 조절해 유리에 첨가하면 가장 밝은 붉은빛의 색유리도 만들 수 있다.

최근 연구 결과에 따르면, 셀레늄은 유방암을 비롯한 여러 암의 치료에 중요한 역할을 한다. 또한 에이즈(AIDS) 증상 완화에 효능이 있어 의학계의 큰 관심을 받고 있다.

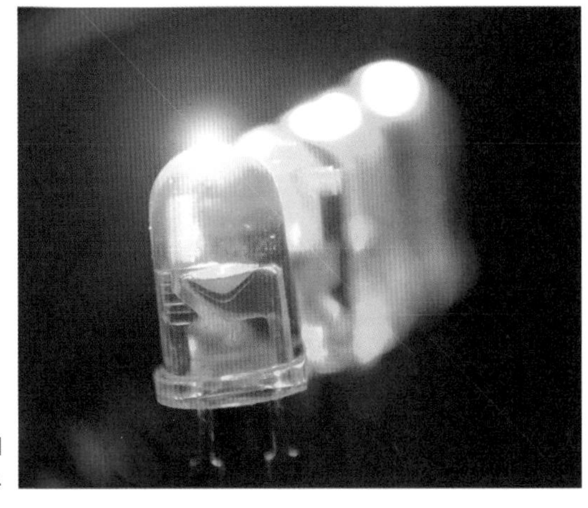

● 셀레늄은 발광다이오드의 핵심 원소다.

셀레늄은 일반적인 식습관만으로도 적당한 양을 보충할 수 있기에 치료를 목적으로 하는 경우가 아니라면 일부러 섭취할 필요는 없다. 너무 많이 섭취하면 오히려 탈모, 구토, 어지럼증 등 전형적인 중금속 중독 증상이 나타나기에 반드시 필요한 양만 섭취해야 한다.

<table>
<tr><td rowspan="2">발견자</td><td colspan="5" rowspan="2">옌스 야코브 베르셀리우스
(Jöns Jacob Berzelius)</td><td>발견 연도</td></tr>
<tr><td>1817년</td></tr>
<tr><td>어원</td><td colspan="6">그리스 신화에 등장하는 달의 여신 '셀레네(Selene)'</td></tr>
<tr><td>특징</td><td colspan="6">적외선 투과율이 높다. 항암, 방충 효과가 있다.</td></tr>
<tr><td>사용 분야</td><td colspan="6">복사기, 레이저 프린터, 색유리, 항암제, 반도체 등</td></tr>
<tr><td>원자량</td><td>78.971 g/mol</td><td>밀도</td><td>4.809 g/cm^3</td><td>원자 반지름</td><td colspan="2">1.90 Å</td></tr>
</table>

'지구'라는 원소

16족 산소족

텔루륨(tellurium)은 '지구'를 뜻하는 라틴어 'Tellus'에서 이름을 가져왔다. 지구에 존재하는 텔루륨의 양이 많은 것도 아닌데(금보다도 적다) 어쩌다 이런 이름이 붙은 걸까.

태양계와 원소

연금술이 발달한 14세기 사람들은 눈에 보이는 천체의 특성과 신화, 그리고 당시까지 발견된 7개의 금속 원소들을 짝짓는 데 관심이 많았다. 밝게 빛나는 태양은 금, 은빛으로 보이는 달은 은, 붉은 화성은 녹슨 철, 회색의 토성은 납, 목성은 주석, 노란빛의 금성은 구리, 빠르게 공전하는 수성은 수은과 연관 지었다. 천체는 새로 발견된 원소의 이름을 결정짓는 중요한 요소이기도 했다. 1781년 천왕성(Uranus)이 발견된 이후 1789년 존재가 드러난 92번 원소에 '우라늄(uranium)'이라는 이름을 붙이는 식이었다. 52번 원소는 1783년 발견되었는데, 당시 알려져 있던 태양계 행성 중 원소 이름에 반영되지 않은 행성은

• 텔루륨.

오직 지구뿐이었기에 텔루륨으로 이름 지어졌다.

반감기가 가장 긴 방사성 동위원소

텔루륨의 동위원소인 텔루륨-128은 존재하는 모든 방사성 동위원소 가운데 가장 긴 반감기를 가지고 있다. 무려 2.2×10^{24}년, 즉 2자 2000해 년(2200000000000000000000000년)으로, 상상도 안 되는 시간이다. 이는 약 137억 년이라고 알려진 우주 나이의 160조 배다.

합금, 반도체, 전자 산업

텔루륨이 생물학적으로 어떠한 작용을 하고 어떠한 영향을 주는지에 대해서는 밝혀진 것이 없다. 하지만 산업 분야에는 매우 다양하게 활용되고 있다. 가장 대표적인 것이 합금, 반도체, 전자 산업이다. 텔루륨은 지각에 존재하는 양이 적지만 아주 적은 양으로도 확실한 기능을 한다. 강철에 0.04%의 텔루륨만 첨가해도 가공성이 급격히 향상된다. 셀레늄과 마찬가지로 광학적 특성이 우수해 태양전지, 적외선 리모콘 등에 쓰이고, 내열 고무를 만드는 데도 사용된다.

<table>
<tr><td rowspan="2">발견자</td><td colspan="4" rowspan="2">프란츠 요제프 뮐러 폰 라이헨슈타인
(Franz Joseph Müller von Reichenstein)</td><td>발견 연도</td></tr>
<tr><td>1783년</td></tr>
<tr><td>어원</td><td colspan="5">'지구'를 뜻하는 라틴어 'Tellus'</td></tr>
<tr><td>특징</td><td colspan="5">악취가 난다. 광학적 특성이 뛰어나고, 반감기가 가장 길다.</td></tr>
<tr><td>사용 분야</td><td colspan="5">합금, 반도체, 전자 산업, 화공 산업 등</td></tr>
<tr><td>원자량</td><td>127.60 g/mol</td><td>밀도</td><td>6.232 g/cm³</td><td>원자 반지름</td><td>2.06 Å</td></tr>
</table>

인공위성을 움직이는 맹독

16족 산소족

비소, 탈륨과 함께 독약의 계보를 잇는 원소가 바로 폴로늄(polonium)이다. 폴로늄의 대표적인 동위원소는 폴로늄-210인데, 불안정한 원자핵이 방사성 붕괴의 일종인 알파 붕괴를 해 알파 입자를 발산한다. 알파 입자는 투과성이 낮아 자연계에 존재하는 폴로늄의 붕괴는 인체에 큰 영향을 미치지 않지만, 섭취하면 몸 안에서 지속적으로 치명적인 손상을 일으킨다. 폴로늄은 우리가 아는 118개 원소 중 가장 유독한 원소로, 청산가리보다 최소 25만 배 높은 독성을 띤다.

2006년 러시아 요원 암살 사건

사회적 이슈와 가십거리에 관심이 많은 독자라면 '푸틴의 폴로늄 홍차 사건'에 대해 들어 본 적이 있을 것이다. 러시아 연방보안국(FSB)의 핵심 요원이던 알렉산드르 리트비넨코가 영국으로 망명한 뒤 계속해서 푸틴을 비방하다 2006년 암살당한 사건이다. 사체에서 많은 양의 폴로늄-210이 발견되었고, 부검 결과 사인은 홍차에 탄 폴로늄 중독으로 밝혀졌다.

그런데 암살 배후에 푸틴이 있을 것이라는 주장이 제기됐다. 자연계에 존재하는 양이 매우 적고 반감기가 138일에 불과한 폴로늄-210은 당시 1㎍(마이크로그램)당 2억 원에 이르렀기에 개인이 사기에는 너무 비쌌던 것이다. 게다가 폴로늄-210은 우라늄에서 분리하거나 비스무트에 중성자를 충돌시켜서 만들어야 하는 만큼 일반인이 구하는 건 불가능했다. 영국 정부는 6개월 동안 조사한 끝에 러시아 정부의 지시가 있었다고 밝혔지만, 러시아 정부는 끝내 부인했다.

인공위성의 소형 열원

방사성이 강한 스트론튬처럼 폴로늄도 알파 붕괴로 500℃에 달하는 고열을 발생시킬 수 있다. 이러한 특성을 이용해 원자력 전지를 만들어 인공위성의 소형 열원(熱源)으로 쓰고 있다. 구소련의 무인 달 탐

• 폴로늄 원자력 전지는 인공위성의 소형 열원으로 쓰인다.

사기에도 사용됐다.

같은 족 원소인 황, 셀레늄, 텔루륨의 특성으로 미루어보건대 광학적 특성이 있을 것이라 예상되지만, 자연적으로 방사성 붕괴하고 독성이 매우 강해 산업적, 생물학적으로 이용하지 못하고 있다. 항암 치료에조차 이용되지 않는다.

발견자	마리 퀴리(Marie Curie)			발견 연도	1898년
어원	발견자의 조국 '폴란드(Poland)'				
특징	독성이 매우 높고, 방사성 붕괴한다.				
사용 분야	원자력 전지, 독약				
원자량	209 g/mol	밀도	9.20 g/cm^3	원자 반지름	1.97 Å

반감기 0.053초

16족 산소족

리버모륨(livermorium)은 플레로븀과 마찬가지로 러시아 두브나 합동원자핵연구소와 미국 로런스리버모어국립연구소의 공동 연구로 발견된 인공 원소다. '우눈헥슘(ununhexium, Uuh)'으로 불리다가 2012년 5월 '리버모륨'으로 확정되었다. 로런스리버모어국립연구소가 위치한 리버모어(Livermore) 지역에서 이름을 따왔다. '리버모어'는 1840년 무렵 이 지역에 처음 정착한 농부의 이름이기도 하다.

현재까지 35개 정도의 원자만 발견되었고, 0.053초에 불과한 반감기로 인해 물리적, 화학적 성질에 대해서는 연구된 것이 없다. 연구 외의 어떠한 분야에도 사용된 적 없다.

발견자	두브나 합동원자핵연구소(JINR), 로런스리버모어국립연구소(LLNL)			발견 연도	2000년
어원	로런스리버모어국립연구소가 있는 미국의 '리버모어(Livermore)'				
특징	반감기가 매우 짧다.				
사용 분야	없음				
원자량	293 g/mol	밀도	모름	원자 반지름	모름

9

플루오린

F

바퀴벌레를 죽이다

17족 할로젠

'불소'라고도 불리는 플루오린(fluorine)은 아주 극단적인 특성을 가진 원소다. 원소 월드컵이 있다면 득점왕이 될 정도다. 원자가 전자를 끌어당기는 힘인 전기 음성도는 3.98로 가장 높고, 전자를 가져와 음이온이 되려는 성질인 전자 친화도는 두 번째로 높다. 반응성과 독성도 굉장히 높다. 이러한 플루오린은 여러 과학자에게 치명적인 영향을 미쳤다. 화학사에 중요한 업적을 남긴 험프리 데이비와 조제프 루이 게이뤼삭은 플루오린 분리 실험을 하다 플루오린 중독으로 죽었고, 플루오린 분리에 성공해 노벨상을 수상한 프랑스의 무기화학자 페르디낭 프레데리크 앙리 무아상은 실명했다.

가장 강하지는 않지만 가장 위험한 산

플루오린과 수소가 결합한 플루오르화수소(HF), 즉 '불산'은 공업적으로 널리 사용되는 물질이다. 불산은 우리에게 친숙한 염산, 황산, 질산 등에 비해 약한산인데, 반응성과 독성이 높아 생명체에는 가장 위험한 산으로 알려져 있다. 불산은 식초 정도의 산성밖에 나타내지 않으므로 피부에 닿았을 때 화상을 심하게 입지는 않지만, 피부로 빠르

• 플루오린이 함유된 형석.

게 침투해 혈관을 타고 이동하며 뼈를 녹인다. 플루오린도 뼈, 유리, 세라믹(고온에 구운 비금속 무기질 고체)을 녹인다.

플루오린과 불산은 유리를 녹이기 때문에 일반적으로 플라스틱 용기에 보관한다. 반응성이 가장 낮고 안정적인 금이나 백금으로 만든 용기에 보관할 수도 있지만 고온에서는 백금도 녹인다. 여러모로 처리하기가 매우 어려운 원소다.

플루오린 치약

우리가 사용하는 치약에는 플루오린이 함유된 것과 그렇지 않은 것이 있다. 적은 양의 플루오린은 치아에 미세한 구멍이 무수히 생기는 충치 초기에 구멍을 녹여 보수하는 효과가 있다. 하지만 아무리 적은 양이라도 플루오린이 몸에 쌓이면 뼈를 무르게 하고 피부를 노화시키므로 플루오린이 든 치약을 사용할 때는 반드시 입을 여러 번 헹궈 주어야 한다. 살충제를 뿌려도 잘 죽지 않는 생명력 강한 바퀴벌레도 플루오린이 든 치약에 닿으면 몇 분 안에 죽는다.

곳곳에 있는 플루오린 화합물

우리 주위에서 가장 흔하게 찾아볼 수 있는 플루오린 화합물은 폴리테트라플루오로에틸렌(polytetrafluoroethylene)과 고어텍스(Goretex)다.

폴리테트라플루오로에틸렌은 플루오린이 포함된 고분자 물질로, 내산성, 내열성, 절연성이 뛰어나 눌어붙지 않는 프라이팬, 냄비 등 주방 식기의 코팅제로 널리 사용되고 있다. 폴리테트라플루오로에틸렌을 가공해 만든 고어텍스는 등산복, 운동복, 인공 혈관 등에 이용된다. 이 밖에도 항암제, 항우울제, 제초제, 살균제, 유리 가공, 알루미늄 제련, 반도체 등 수많은 분야에 쓰이고 있다.

<table>
<tr><td rowspan="2">발견자</td><td colspan="4" rowspan="2">페르디낭 프레데리크 앙리 무아상
(Ferdinand Frédéric Henri Moissan)</td><td>발견 연도</td></tr>
<tr><td>1886년</td></tr>
<tr><td>어원</td><td colspan="5">'흐른다'라는 뜻의 라틴어 'fluore',
플루오린이 추출되는 광석인 '형석(fluorite)'</td></tr>
<tr><td>특징</td><td colspan="5">상온에 기체로 존재한다. 반응성과 독성이 높고,
전기 음성도는 가장 높다.</td></tr>
<tr><td>사용 분야</td><td colspan="5">치약, 주방 식기, 의약, 농약, 제련, 반도체, 유리 가공 등</td></tr>
<tr><td>원자량</td><td>18.998 g/mol</td><td>밀도</td><td>0.001553 g/cm³</td><td>원자 반지름</td><td>1.47 Å</td></tr>
</table>

양날의 검

17족 할로젠

수영장에서 나는 매캐한 냄새를 맡아 본 적이 있을 것이다. 알다시피 이는 염소(chlorine) 냄새다. 염소는 다른 할로젠 원소들과 마찬가지로 독성이 있고 살균, 소독 기능을 하기에 수돗물과 수영장 물에 흔히 쓰인다. 왜 굳이 독성이 있고 불쾌한 냄새가 나는 염소를 식수 소독에 쓰는지 의문을 가지는 사람도 있을 것이다. 그러나 염소만큼 저렴한 값으로 콜레라, 장티푸스 등 전염성 질병을 막는 원소는 없다. 1차 세계대전 때는 독가스로 사용돼 수많은 사람을 죽음으로 몰기도 했지만, 오늘날에는 감염을 차단하는 소독약으로 널리 쓰이고 있다.

소금

소독약보다 친숙한 염소는 바로 소금, 즉 염화소듐(NaCl)이다. 이름 그대로 소듐과 염소가 결합한 화합물로, 우리 몸의 염분 농도를 유지하기 위해 반드시 섭취해야만 하는 물질이다. 염화소듐이 부족하면 신체 경련, 마비, 설사 등의 이상 신호가 나타나고, 결국 죽음에 이른다. 오늘날에는 각종 미디어를 통해 많은 사람이 염화소듐의 과다 섭취를 경고하는데, 문제는 소듐이 아니라 염소라는 의견도 많다.

표백제

염소가 포함된 표백제는 '락스'라는 제품으로 널리 알려져 있다. 염소 표백제가 개발되기 전에는 옷을 표백하는 데 수개월의 시간과 노동력이 필요했지만 이제 몇 분이면 가능하다. 단, 주의해야 할 것이 있다. 청소를 할 때 염소 표백제와 과산화수소(H_2O_2) 표백제를 사용하는 경우가 많은데, 염소와 과산화수소 원액을 섞으면 염소 가스가 발생해 심할 경우 사망할 수 있으니 절대 혼합하지 말자.

농약

얼마 전까지만 해도 염소 기반 농약은 가장 효과적인 살충제로 꼽혔다. 가장 대표적인 것이 전 세계적으로 사용되어 온 DDT(Dichloro-Diphenyl-Trichloroethane)다. 저렴한 값으로 벌레를 확실하게 죽일 수 있어 많이 이용됐는데, 심각한 환경오염을 일으키고 생태계를 파괴한다는 사실이 뒤늦게 밝혀져 지금은 거의 사용하지 않는다. 대신 천연물 농약이 개발되고 있다.

발견자	칼 빌헬름 셸레(Carl Wilhelm Scheele)			발견 연도	1774년
어원	'연두색'을 뜻하는 그리스어 'chloros'				
특징	상온에서 기체로 존재한다. 독성이 강하며 살균, 소독 효과가 있다.				
사용 분야	소금, 살충제, 표백제, 살균제, PVC 제조 등				
원자량	35.45 g/mol	밀도	0.002898 g/cm^3	원자 반지름	1.75 Å

고귀함을 상징하는 색

17족 할로젠

생명의 근원이라 불리는 바다는 식재료뿐만 아니라 전력, 광물, 소금 등 다양한 자원을 인간에게 제공한다. 이러한 바다로부터 추출한 최초의 원소는 무엇일까? 바로 브로민(bromine)이다. 독일의 화학자 카를 야코프 뢰비히가 1825년에, 프랑스의 화학자 앙투안제롬 발라르가 이듬해인 1826년에 각각 발견했다. 바닷물에 전기를 흘리는 전기 분해를 이용해 추출했으며, 오늘날에도 브로민이 풍부한 이스라엘의 사해에서는 이와 같은 방법으로 브로민을 생산하고 있다.

로열 퍼플

고동 껍질, 조개껍질에는 브로민이 농축돼 있다. 고대에는 이를 가공해서 보라색 염료를 추출했는데, 수천 개의 조개껍질에서 고작 1g 정도가 추출됐기 때문에 왕족과 귀족만 썼다. 그래서 '로열 퍼플(royal purple)'이라고 불렀다. 보라색은 이때부터 고귀함의 상징이 되었다.

브로마이드

연예인이나 운동선수의 모습이 인쇄된 커다란 포스터를 흔히 '브로마이드'라고 부른다. 필름 사진을 현상할 때 쓰는 감광제 '브로민화은(AgBr)'에서 나온 용어다. 브로민화은은 이름 그대로 브로민과 은의 화합물이다.

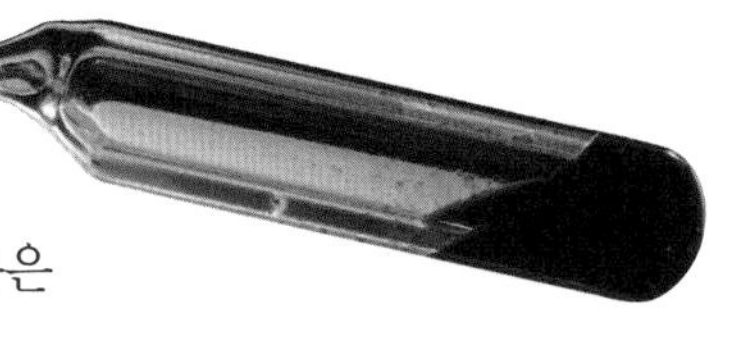
• 유리병에 든 브로민 액체.

만능 물질?

브로민은 미끈거리는 액체 상태로 존재하고, 적갈색을 띠며, 강한 냄새를 풍긴다. 게다가 Y염색체를 파괴해 성불구로 만든다는 소문이 있어 유해한 원소라는 인식이 강하다. 그럼에도 20세기 초중반에는 화합물 제조, 살충제, 소독제, 진정제, 정신병 치료제, 소화기 등에 널리 사용되었는데, 환경오염을 일으키고 오존층을 파괴한다는 사실이 밝혀지면서 사용이 금지되었다. 오늘날에는 섬유가 불에 탈 때 연기 발생을 줄이고 연소 속도를 늦추는 난연제로 주로 사용한다(화염 저항 보호복이 주로 남색과 보라색인 이유다). 최근에는 우리 몸에 아주 적게나마 반드시 필요한 원소라는 사실이 밝혀져 브로민을 이용한 치료제 개발에 관심이 집중되고 있다.

<table>
<tr><td rowspan="2">발견자</td><td colspan="4" rowspan="2">앙투안제롬 발라르(Antoine-Jérôme Balard),
카를 야코브 뢰비히(Carl Jacob Löwig)</td><td colspan="2">발견 연도</td></tr>
<tr><td colspan="2">1825년, 1826년</td></tr>
<tr><td>어원</td><td colspan="6">'악취'라는 뜻의 그리스어 'bromos'</td></tr>
<tr><td>특징</td><td colspan="6">상온에서 액체로 존재하며, 악취가 강하고 독성이 있다.</td></tr>
<tr><td>사용 분야</td><td colspan="6">염색약, 난연제, 살충제, 살균제 등</td></tr>
<tr><td>원자량</td><td>79.904 g/mol</td><td>밀도</td><td>3.1028 g/cm³</td><td>원자 반지름</td><td colspan="2">1.85 Å</td></tr>
</table>

53

아이오딘

I

전설의 빨간약

17족 할로겐

대한민국 군대에서 어지간한 상처는 빨간약 하나로 해결한다는 우스갯소리가 있다. 여기서 말하는 빨간약은 포비돈-아이오딘이라는 소독약인데, 실제로 군대에서는 이 소독약을 다양한 상처에 쓴다. 소독약으로 세균을 죽여 감염을 막겠다는 논리인데, 억지스럽기는 하지만 완전히 잘못된 관점은 아니다. 아이오딘(iodine)은 다른 할로겐 원소들과 마찬가지로 우수한 소독 효과를 가지고 있다.

요오드? 아이오딘?

대부분의 사람은 '아이오딘'보다 '요오드(jod)'가 익숙할 것이다. 요오드는 독일식 용어로, 독일 학계에 영향을 받은 일본에서 많은 지식을 받았던 우리나라의 특성이 반영된 것이다. 예전에는 원소 기호도 J였는데, 독일 학계에서 원소 이름을 'iod'로 변경해 혼란을 피했다.

• 아이오딘.

해조류와 천일염

아이오딘은 우리 몸의 갑상선 호르몬 구성 원소다. 아이오딘이 부족하면 목이 부풀어 오르는 갑상선 비대증이 생기고, 심하면 뇌까지 손상된다. 아이오딘을 자연적으로 섭취하기 가장 좋은 식재료는 미역, 김 등의 해조류와 천일염이다(아이오딘은 해조류에서 최초로 발견됐다). 우리 몸이 요구하는 아이오딘의 양은 그리 많지 않고 우리나라는 해조류를 먹는 문화가 있기 때문에 보충제는 불필요하다.

할로젠 램프

우리가 쓰는 발광체는 텅스텐 필라멘트 전구, 전력 소모가 낮고 밝은 LED, 화려한 네온사인, 자동차 전조등에 사용되는 할로젠 램프가 있다. 그중 할로젠 램프는 진공 상태의 전구 안에 브로민이나 아이오딘을 넣어 수명과 효율성을 높인 전구다. 백열전구보다 수명이 3배가량 길고, 그을음이 생기지 않으며, 색상이 선명하고 크기가 작아 백열전구를 대체하고 있다.

발견자	베르나르 쿠르투아(Bernard Courtois)			발견 연도	1811년
어원	'보라색'을 뜻하는 그리스어 'iodes'				
특징	상온에서 고체로 존재하며 열을 가하면 승화한다. 살균 효과가 있다.				
사용 분야	소독약, 살균제, 할로젠 램프, 식용 색소 등				
원자량	126.904 g/mol	밀도	4.933 g/cm^3	원자 반지름	1.98 Å

85

아스타틴

At

가장 희귀한 원소

17족 할로젠

아스타틴(astatine)은 천연 원소 중 존재량이 가장 적은 원소다. 지각을 통틀어 약 25g이 존재하는 것으로 추정된다. 반감기가 고작 8시간 정도에 불과하기 때문에 추출하거나 생성해도 자발적으로 분해된다. 그래서 '불안정하다'라는 뜻의 그리스어 'astatos'에서 이름을 따왔다. 방사광 가속기를 이용해 만들어 내고는 있지만 지금까지 생성한 아스타틴의 양을 모두 합쳐도 0.000001g이 안 될 것으로 추정된다. 대량 생성 방법이 개발되기 전에는 활용하기 어려운 원소다.

• 인회우라늄석.
아스타틴이 존재할 수도 있고, 존재하지 않을 수도 있다.

암 치료의 가능성

구하기는 어렵지만 아스타틴을 활용하려는 노력은 끊임없이 이루어지고 있다. 그중 성공 가능성을 보이는 연구는 아스타틴-211을 이용한 암 치료다.

폴로늄처럼 아스타틴-211 역시 인체에 해로운 알파 붕괴를 하지만, 아스타틴은 활용할 수 있는 여지가 있다. 최근에는 아스타틴-211을 생성한 뒤 빠르게 가공해 암 조직으로 전달하는 방법을 집중적으로 연구하고 있다. 하지만 역시 양이 너무 적고 원소의 특성이 불안정해 실제로 치료에 적용하기까지는 아주 오랜 시간이 필요할 것으로 전망된다.

발견자	데일 레이먼드 코슨(Dale Raymond Corson), 케네스 로스 매켄지(Kenneth Ross MacKenzie), 에밀리오 지노 세그레(Emilio Gino Segrè)				발견 연도 1940년
어원	'불안정하다'라는 뜻의 그리스어 'astatos'				
특징	가장 희귀한 천연 원소로, 상태가 매우 불안정하다.				
사용 분야	없음				
원자량	210 g/mol	밀도	모름	원자 반지름	2.02 Å

미지의 원소

17족 할로젠

테네신(tennessine)은 러시아의 두브나 합동원자핵연구소, 미국의 로런스리버모어국립연구소, 오크리지국립연구소 합동 연구진에 의해 2010년, 2014년 합성이 보고된 인공 원소다. 오크리지국립연구소가 위치한 테네시 주에서 이름을 따왔다. 다른 인공 원소들처럼 접미사 '-ium'을 붙여 테네슘으로 짓지 않고 할로젠 원소로서 접미사 '-ine'을 붙여 테네신으로 지었다는 특징이 있다.

역시 반감기가 매우 빨라 물리화학적 특성은 알 수 없다. 연구 외에 사용되는 분야도 아직 없다.

<table>
<tr><td rowspan="2">발견자</td><td colspan="4" rowspan="2">두브나 합동원자핵연구소(JINR),
로런스리버모어국립연구소(LLNL),
오크리지국립연구소(ORNL)</td><td>발견 연도</td></tr>
<tr><td>2010년</td></tr>
<tr><td>어원</td><td colspan="5">오크리지국립연구소가 있는 미국의 '테네시(Tennessee) 주'</td></tr>
<tr><td>특징</td><td colspan="5">반감기가 짧다.</td></tr>
<tr><td>사용 분야</td><td colspan="5">없음</td></tr>
<tr><td>원자량</td><td>294 g/mol</td><td>밀도</td><td>모름</td><td>원자 반지름</td><td>모름</td></tr>
</table>

두 번째로 가벼운 기체

18족 비활성 기체

애니메이션 〈미키 마우스〉의 도널드 덕 캐릭터를 아는가? 조금 뜬금없게 보이겠지만, 헬륨(helium)은 바로 이 도널드 덕과 연관이 있다.

헬륨 가스를 마시고 원래 목소리와 다른 재미있는 목소리를 내는 장면을 보거나 경험한 적이 있을 텐데, 이를 '도널드 덕' 효과라고 한다. 목과 호흡기를 채운 가벼운 헬륨 원자가 빠르게 진동해 마치 음성 변조를 한 것처럼 고음을 내는 것이다. 헬륨은 비교적 저렴하고 쉽게 구할 수 있고 독성이 없어 많은 사람이 이러한 현상을 재미로 즐긴다. 그러나 헬륨 가스를 너무 많이 마시면 산소 부족 증상으로 어지럼증을 느낄 수 있고 심하면 뇌 손상, 사망에 이를 수도 있으니 주의해야 한다.

가볍고 안전한 원소

헬륨은 기체 분자 가운데 수소 다음으로 가벼운 물질이다. 밀도가 지구 대기보다 낮아 위로 떠오르려는 부력이 작용한다. 그래서 흔히 풍선이나 비행선을 띄우는 데 쓰인다. 가장 가벼운 기체인 수소는 폭발성이 강해서 그러한 용도로 쓰기 어렵다.

인간이 만들 수 있는 가장 낮은 온도는 액체 헬륨으로 냉각시킨 온도다. 액체 헬륨은 드라이아이스와 액체 질소보다 훨씬 낮은 온도를 만들 수 있다. 초전도체, 저온 실험, 자기공명영상(MRI) 등에 널리 이용되고 있다.

헬륨 고갈이 머지않았다

우주를 통틀어 수소 다음으로 풍부한 원소인 헬륨은 의외로 지구에서 희귀하다. 대기보다 가벼운 이 원소는 지구 중력을 받지 않고 우주로 계속 빠져나가기 때문이다.

지구의 헬륨은 계속 사라지고 있고, 고갈 위기에 놓여 있다. 일반적으로 헬륨은 천연가스처럼 지각에서 추출해 사용하는데, 현재 매장량과 연간 세계 헬륨 소모량 등을 고려할 때 20~30년 안에 고갈될 것으로 추정된다. 실제로 최대 헬륨 생산국인 미국은 매장돼 있던 헬륨이 거의 바닥나 수출을 중지한 상태다. 미국 외의 나라들에 매장된 헬륨은 모두 합해도 양이 얼마 되지 않는다. 헬륨은 다른 인공 원소처럼

• 비행선을 띄우는 데 쓰이는 헬륨은 머지않아 고갈될 것이다.

합성하거나 생성하기가 어려워 고갈됐을 때 심각한 문제가 닥칠 것으로 예상된다. 아직 해결책도 나오지 않았다.

발견자	윌리엄 램지(William Ramsay), 페르 테오도르 클레베(Per Teodor Cleve), 닐 아브라함 랑글레(Nils Abraham Langlet)			발견 연도 1895년	
어원	‘태양’을 뜻하는 그리스어 ‘helios’(태양 일식에서 처음 발견됨)				
특징	마시면 목소리가 바뀐다. 우주에는 두 번째로 풍부하지만 지구에서는 고갈 위기에 놓여 있다.				
사용 분야	헬륨 풍선, 비행선, 액체 헬륨 등				
원자량	4.003 g/mol	밀도	0.000164 g/cm^3	원자 반지름	1.400 Å

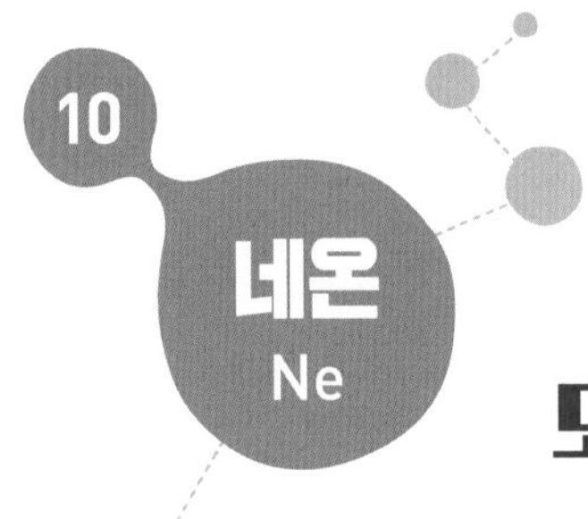

모든 네온사인은 빨갛다

18족 비활성 기체

밤거리를 걷다 보면 알록달록 화려하게 빛나는 간판들을 볼 수 있다. 이 발광체들을 '네온사인(neon sign)'이라고 하는데, 유리관에 네온을 채워 넣고 양끝에 전압을 흘려 빛을 내는 원리를 이용한 것이다.

그런데 여기서 한 가지 짚고 넘어가야 할 것이 있다. 네온은 붉은색밖에 내지 못한다는 것이다. 노란색, 파란색, 초록색 불빛은 각각 헬륨, 아르곤, 수은을 채워서 만든다. 그러니까 정확히 말하면 진짜 네온사인은 빨간색만 내는 것이다. 그러나 최초의 네온사인이 네온을 사

• 네온사인. 파란색 빛은 아르곤으로 만든 것이다.

용한 발광체로 만들어졌고, 네온의 발견이 워낙 의미 있는 일이었기에 모두 네온사인이라 부르게 됐다.

램지와 트래버스

반응성이 굉장히 낮은 18족 비활성 기체 원소들은 화합물이 관찰되지 않아 다른 원소족에 비해 뒤늦게 알려졌다. 그런데 그중 자그마치 4개를 영국의 화학자 윌리엄 램지와 그의 제자 모리스 윌리엄 트래버스가 발견했다. 램지는 공기를 냉각시켜 그 안에 존재하는 네온, 아르곤, 크립톤, 제논을 발견했고, 노벨 화학상을 받았다. 지금도 비활성 기체는 대기에서 추출하거나 천연가스에서 분리하기 때문에 값이 매우 비싸다(네온은 지구 대기의 0.00182%에 불과하다).

레이저의 광원

레이저는 어떤 원소를 광원으로 쓰느냐에 따라 에너지와 색상이 달라지는데, 우리가 가장 흔히 접하는 레이저는 네온을 이용한 것이다. 흔히 헬륨과 혼합해 만든 헬륨-네온 레이저를 사용하는데, 네온사인처럼 붉은색 빛을 낸다. 레이저 포인터, 의료용 레이저, 광디스크 등에 쓰인다. 광디스크는 CD, DVD 등 레이저 빛을 이용해 데이터를 저장하는 장치다.

국제 사회와 네온

네온은 양이 적고 비싸지만 헬륨보다는 많아서 사용하는 데 어려움이 없었다. 그런데 네온의 최대 생산지인 우크라이나가 러시아와 무력 충돌을 하면서 네온을 수급하기 어려워졌다. 이처럼 원소도 석유와 천연가스처럼 생산지와 국제 정세에 따라 가격과 수급 상황이 급변한다.

<table>
<tr><td rowspan="2">발견자</td><td colspan="4" rowspan="2">윌리엄 램지(William Ramsay),
모리스 윌리엄 트래버스(Morris William Travers)</td><td>발견 연도</td></tr>
<tr><td>1898년</td></tr>
<tr><td>어원</td><td colspan="5">'새롭다'라는 뜻의 그리스어 'neos'</td></tr>
<tr><td>특징</td><td colspan="5">대기의 0.00182%를 차지한다.
비활성 기체 중 가장 반응성이 낮다.</td></tr>
<tr><td>사용 분야</td><td colspan="5">네온사인, 레이저, 광디스크, 냉각제 등</td></tr>
<tr><td>원자량</td><td>20.180 g/mol</td><td>밀도</td><td>0.000825 g/cm^3</td><td>원자 반지름</td><td>1.54 Å</td></tr>
</table>

18

아르곤

Ar

게으르고 무거운

18족 비활성 기체

아르곤(argon)은 앞서 소개한 헬륨과 네온보다 많은 양이 존재하는 비활성 기체다. 대기 중에 세 번째로 많다. 공기보다 무겁고, 비교적 저렴해 다양하게 쓰인다. '게으름뱅이'를 뜻하는 그리스어 'argos'에서 이름을 따온 이 원소는 반응성이 낮고 안정적이다. 그래서 공기에 닿으면 변질되는 물질들을 보호하는 충전제(제품의 품질을 높이거나 값을 낮추기 위해 첨가하는 물질)로 사용된다. 하지만 과자, 분유 등의 식품을 보호하는 데 쓰는 질소 가스보다 상대적으로 비싸기 때문에 질소 반응성이 높아지는 고온에서 주로 쓴다.

첨단 화학의 핵심

아르곤은 초소형 회로, 고온 플라스마 램프의 안정제, 화학 물질의 보호제로 사용된다. 비록 네온보다 반응성은 높지만 액체 산소를 생산하는 과정에서 부산물로 손쉽게 얻을 수 있기에 널리 쓰인다.

아르곤 레이저

붉은빛을 내는 헬륨-네온 레이저와 달리 아르곤 레이저는 청록색

• 아르곤 레이저는 청록색의 강한 빛을 낸다.

의 강한 빛을 만들어 낸다. 아르곤 레이저는 에너지가 워낙 강해 지혈, 피부 치료를 위한 레이저 시술, 망막 수술 등 의료용으로도 쓰인다.

<table>
<tr><td rowspan="2">발견자</td><td colspan="4" rowspan="2">존 윌리엄 스트럿 레일리(John William Strutt Rayleigh),
윌리엄 램지(William Ramsay)</td><td>발견 연도</td></tr>
<tr><td>1894년</td></tr>
<tr><td>어원</td><td colspan="5">'게으름뱅이'라는 뜻의 그리스어 'argos'</td></tr>
<tr><td>특징</td><td colspan="5">대기 중 세 번째로 많이 존재하며, 반응성이 낮다.</td></tr>
<tr><td>사용 분야</td><td colspan="5">충전제, 레이저, 소화기 등</td></tr>
<tr><td>원자량</td><td>39.948 g/mol</td><td>밀도</td><td>0.001633 g/cm^3</td><td>원자 반지름</td><td>1.88 Å</td></tr>
</table>

36

크립톤

Kr

활주로를 비추는 강한 빛

18족 비활성 기체

크립톤(krypton)은 대기의 0.0001%를 차지하는 원소다. 냉각시켜 액체 공기 100L를 만들면 단 한 방울 얻을 수 있을 만큼 희소가치가 높다. 반응성, 색, 냄새 등 어떠한 특징도 밝혀지지 않았다. 그래서 그 이름도 '숨겨져 있다'는 뜻의 그리스어 'kryptos'로부터 유래한다. 주기율표를 통해 크립톤의 무게와 특성을 예측하지 못했다면 존재를 파악하는 데 훨씬 더 오래 걸렸을 것이다.

크립톤 보이스

헬륨을 마시면 목소리가 고음으로 바뀌는 것처럼 크립톤을 마셔도 목소리가 변한다. 이를 크립톤 보이스(krypton voice)라고 하는데, 공기보다 무거운 크립톤 기체가 목과 기도, 폐를 채우고 평소보다 낮은 진동수를 만들어 저음을 낸다. 헬륨처럼 많이 마시면 산소 부족 증상이 나타나지만 크립톤은 워낙 비싸 경험하기도 어렵다.

핵 실험 감지

북한은 끊임없이 핵 실험을 비밀스럽게 수행하고 있다. 그런데 땅속

• 크립톤으로 채운 램프는 아주 밝은 흰색 빛을 낸다.

깊은 곳에서 하는 핵 실험을, 우리는 어떻게 아는 것일까? 그 비밀은 크립톤과 제논에 있다. 두 원소는 핵분열 과정에서 다량 생성되기 때문에 어떤 지역에서 크립톤과 제논 농도가 급격히 증가했다면 핵분열이 일어난 것이라 예측할 수 있다.

램프와 레이저

크립톤도 다른 비활성 기체들과 마찬가지로 램프와 레이저에 사용된다. 크립톤으로 채운 램프는 아주 밝은 흰색 빛을 내서 공항 활주로 유도등으로 쓰인다. 또한 백열전구에 크립톤을 첨가하면 아르곤보다 효과적으로 전구의 수명과 효율을 향상시킬 수 있다. 백색광을 내는 크립톤 레이저는 각종 레이저 쇼와 홀로그램에 사용되고 있다(백색광은 가시광선의 모든 빛이 혼합된 색이다).

발견자	윌리엄 램지(William Ramsay), 모리스 윌리엄 트래버스(Morris William Travers)				발견 연도	
					1898년	
어원	'숨겨져 있다'라는 뜻의 그리스어 'kryptos'					
특징	지구 대기의 0.0001%를 차지한다. 마시면 목소리가 저음으로 바뀐다.					
사용 분야	레이저, 네온사인, 섬광등 등					
원자량	83.798 g/mol	밀도	0.003425 g/cm^3	원자 반지름	2.02 Å	

54

제논

Xe

대기의 0.00001%

18족 비활성 기체

제논(xenon)은 지구 대기의 0.00001%를 차지하는 극소량의 무거운 기체로, 공기를 냉각시켜 얻는다. 지구에 존재하는 양이 워낙 적다 보니 값이 굉장히 비싸다. 무려 헬륨의 1000배 정도다. 그래서 꼭 필요한 곳에만 제한적으로 쓰인다. 크립톤과 마찬가지로 윌리엄 램지와 모리스 윌리엄 트래버스에 의해 발견되었는데, 크립톤보다도 발견하기가 어려워 '낯선', '외계의'라는 뜻의 그리스어 'xenos'에서 이름을 따왔다.

아주 특별한 램프

제논 역시 램프와 레이저로 사용된다. 어마어마하게 비싸지만, 비활성 기체 원소들을 활용한 램프와 레이저 중 가장 밝다. 자동차의 전조등, 고속 촬영용 사진기의 플래시, 아이맥스(IMAX) 영사기 램프, 인공 태양광, 내시경용 광원 등 매우 밝은 빛이 필요한 곳에 쓰이고 있다.

전신 마취제

제논은 마취 효과가 뛰어나고 반응성이 낮아 전신 마취제로 사용되며, 조영제로도 일부 쓰인다. 효과는 우수하지만 너무 비싸서 널리 사용되지는 않고, 사용 범위를 조금 씩 넓혀 가는 중이다.

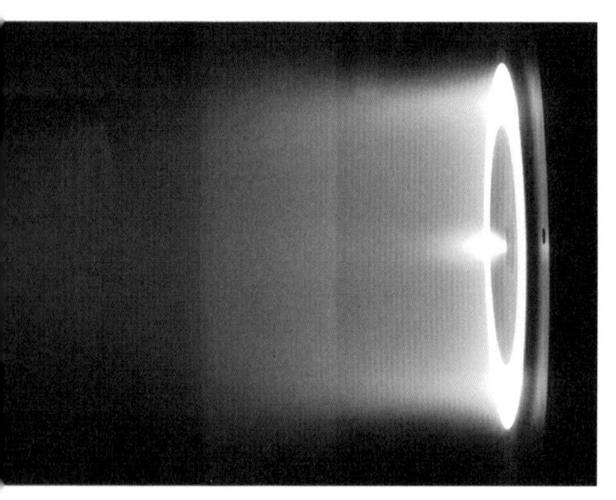

● 제논을 분사해 추진력을 얻는 이온 엔진.

이온 엔진

SF 소설에 이따금 등장하는 비행체 추진 기관인 이온 엔진은 실제로 개발되어 사용 중인 첨단 기술이다. 인공위성이 우주 공간에서 궤도를 일정하게 유지하도록 돕고 있다. 아르곤, 제논 등의 추진체를 플라스마 상태로 빠르게 분사해 추진력을 얻는 이온 엔진은 반응성이 낮고 폭발성이 없는 비활성 기체를 사용하기 때문에 화재의 위험 없이 높은 출력을 기대할 수 있다. 제논 수급이 보다 원활하게 이루어지면 미래 비행체의 추진체로 널리 사용될 것이다.

발견자	윌리엄 램지(William Ramsay), 모리스 윌리엄 트래버스(Morris William Travers)				발견 연도	
					1898년	
어원	'낯선', '외계의'라는 뜻의 그리스어 'xenos'					
특징	존재량이 대기의 0.00001%에 불과하다. 비활성 기체치고 반응성이 높고, 밀도도 높다.					
사용 분야	제논 램프, 마취제, CT 조영제, 이온 엔진, 반도체 공정 등					
원자량	131.293 g/mol	밀도	0.005366 g/cm^3	원자 반지름	2.16 Å	

86

라돈

Rn

폐암을 일으키는 기체

18족 비활성 기체

라돈(radon)은 퀴리 부부가 발견한 라듐에서 처음 관찰되었다. 그래서 '라듐(radium)'에 비활성 기체의 공통 접미사 '-on'을 붙여 이름 지었다. 다른 비활성 기체들처럼 반응성이 낮고, 색과 냄새에 있어 특징이 거의 없다. 반감기가 최대 3.82일에 불과해 매우 위험하다.

공기보다 7배 무거운 방사성 기체

미국에서는 가장 주의해야 할 원소로 라돈을 꼽는다. 우리나라는 아직 라돈의 위험성에 대한 인식이 많이 부족한데, 라돈은 두 가지 측면에서 매우 위험하다. 첫째, 유일하게 기체 상태로 존재하는 방사성 원소다. 호흡을 통해 몸 안에 들어오고, 쉽게 쌓인다. 특히 시멘트에서 많이 발생하는데 새로 건축한 건물의 경우 환기를 충분히 하지 않으면 라돈에 노출되기 쉽다. 둘째, 단일 원소 기체 중 가장 무거운 원소라는 점이다. 공기보다 약 7배나 무겁기 때문에 환기가 잘 되지 않는 지하실, 광산, 동굴, 지하수 등에 농축되기 쉽다. 실제로 서울 청계천 복원 사업 당시 지하수를 활용하려 했는데 안전성 검사 결과 라돈이 기준치 이상 검출되어 계획을 수정하기도 했다.

• 지각이 균열되면 땅속에 있던 라돈이 대기 중으로 분출된다.

라돈은 흡연에 이어 폐암 발병의 두 번째 원인으로 꼽힌다. 지속적으로 흡입하면 심각한 문제를 일으키므로 주의가 필요하다. 이러한 유해성 때문에 라돈은 현재 사용되지 않는다.

지진의 징조

라돈은 주로 지각 안에서 벌어지는 라듐과 우라늄의 방사성 붕괴로 생성되기 때문에 땅에 고여 있는 경우가 많다. 그리고 지각이 균열되면 대기 중으로 분출한다. 그래서 공기 중 라돈 농도를 관측해 지각 변동과 지진을 예측하기도 한다. 흔히 지진 나기 전에는 가스 냄새가 난다는 말이 있는데, 라돈은 냄새가 없는 기체이기 때문에 라돈과는 무관한 설이다.

<table>
<tr><td rowspan="2">발견자</td><td colspan="4" rowspan="2">프리드리히 에른스트 도른
(Friedrich Ernst Dorn)</td><td colspan="2">발견 연도</td></tr>
<tr><td colspan="2">1900년</td></tr>
<tr><td>어원</td><td colspan="6">'라듐(radium, 라듐 방사성 붕괴로 처음 발견됨)'</td></tr>
<tr><td>특징</td><td colspan="6">방사성, 발암성을 띠는 가장 무거운 단일 원소 기체다.</td></tr>
<tr><td>사용 분야</td><td colspan="6">지진 예측</td></tr>
<tr><td>원자량</td><td>222 g/mol</td><td>밀도</td><td colspan="2">0.009074 g/cm³</td><td>원자 반지름</td><td>2.20 Å</td></tr>
</table>

반도체에 이용할 수 있을까?

18족 비활성 기체

오가네손(oganesson)은 두브나 합동원자핵연구소와 로런스리버모어 국립연구소의 합동 연구에 의해 2002년 최초로 합성되었다. 그리고 2006년 또 한 번 합성에 성공했다. 118번이기에 '우눈옥튬(ununoctium, Uuo)'으로 불리다 2016년 6월 공식적인 이름을 얻었다. 인공 원소 발견에 핵심적인 역할을 하고 있는 두브나 합동원자핵연구소의 지도자 유리 오가네시안의 이름에서 따왔다. 일반적인 원소 접미사 '-ium' 대신 18족 비활성 기체들의 공통 접미사 '-on'을 붙였다.

반감기가 짧아 빠르게 붕괴하기 때문에 물리적, 화학적 성질을 알 수는 없지만 반도체성을 가진 기체일 것으로 예상된다.

발견자	두브나 합동원자핵연구소(JINR), 로런스리버모어국립연구소(LLNL)			발견 연도 2002년	
어원	두브나 합동원자핵연구소의 '유리 오가네시안(Yuri Oganessian)'				
특징	반감기가 짧고, 반도체성을 가질 것으로 예상된다.				
사용 분야	없음				
원자량	294 g/mol	밀도	모름	원자 반지름	모름

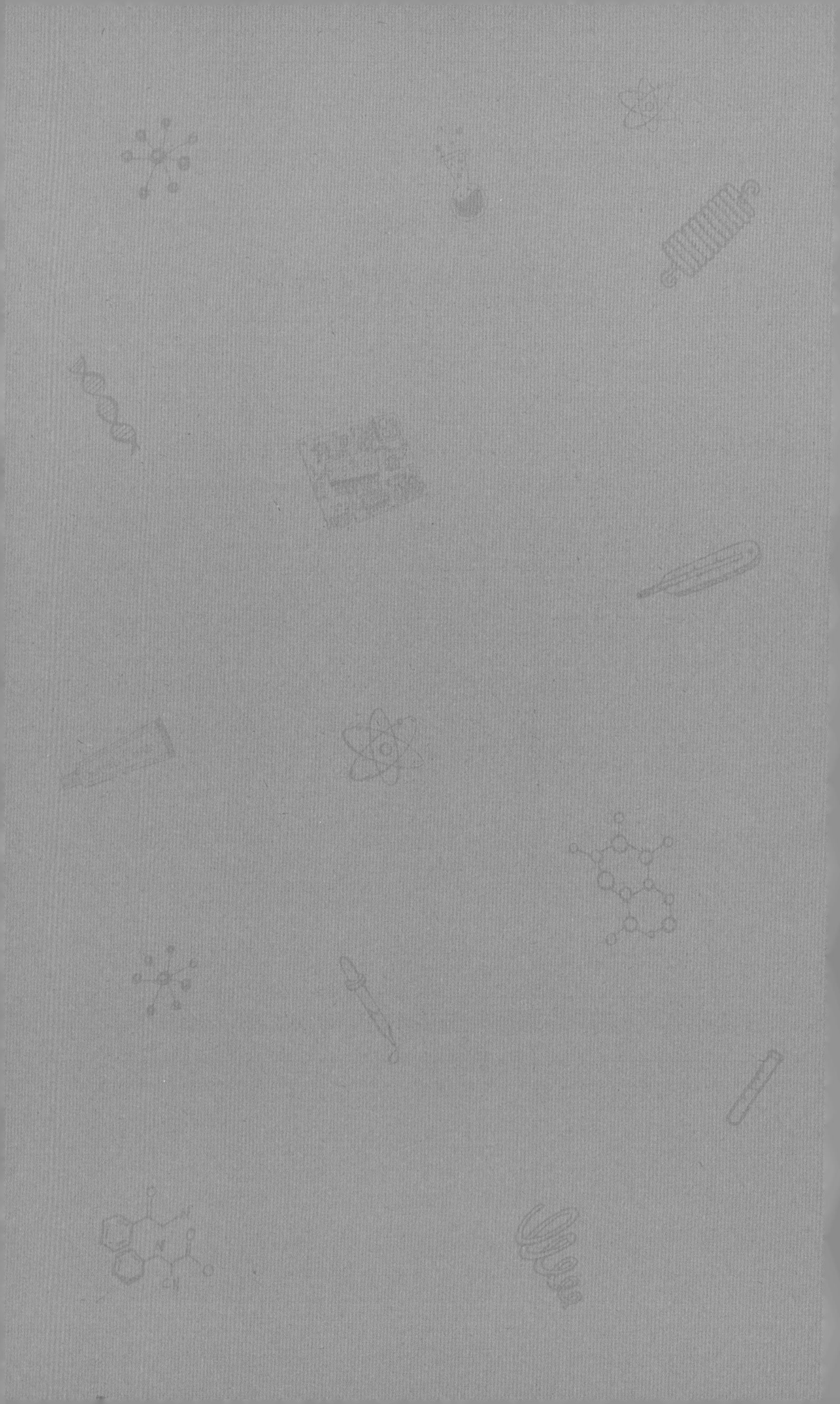

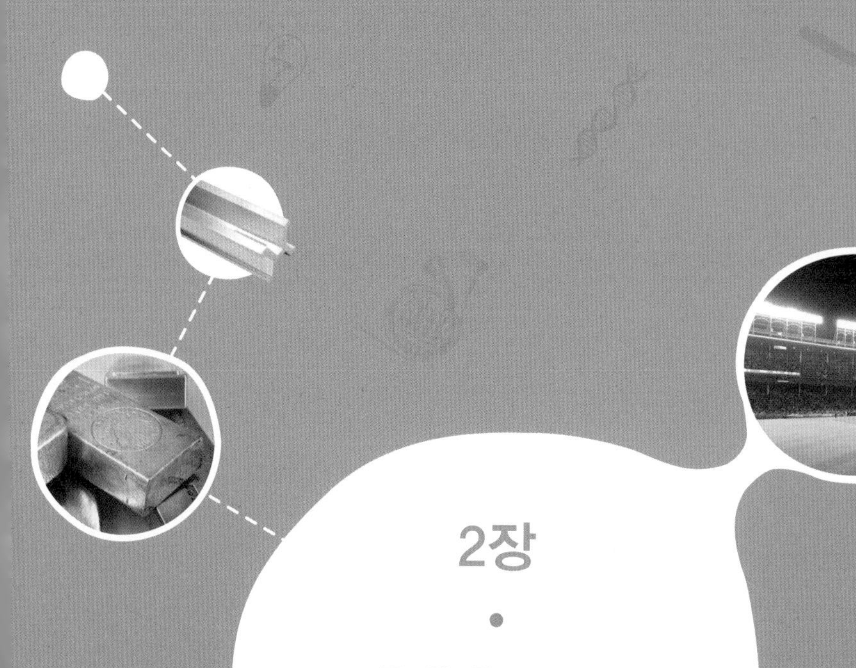

2장

전이원소

Transition element

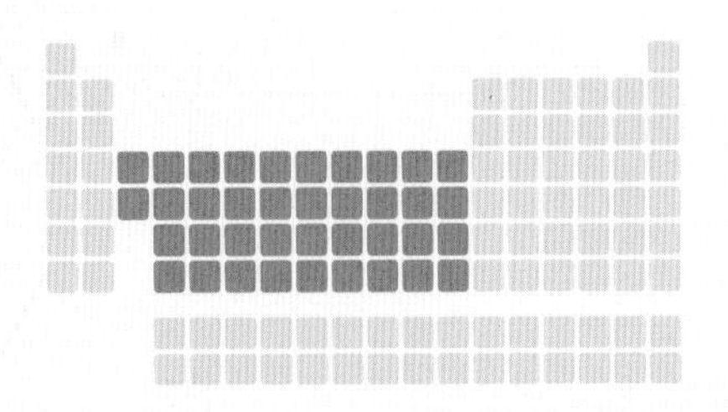

전이원소(transition element)는 주기율표의 3~12족에 해당한다. 모두 금속 물질이기 때문에 전이금속(transition metal)이라고도 한다. '전이(자리를 다른 곳으로 옮김)'라는 표현은 주기율표에서 이 원소들이 전형원소로 옮겨 가는 중간에 있기 때문에 붙은 것으로, 원소의 특징과는 전혀 관계없다. 전이원소는 '착화합물'이라는 복잡한 형태의 물질을 형성하며, 이로 인해 다양한 색상과 물리적, 화학적 특성들이 나타나 여러 분야에 이용된다.

전이원소도 전형원소처럼 전자 배치 형태가 같은 원소끼리 하나의 족을 이룬다. 그러나 같은 족이라 해도 공통적인 특성이 나타나지는 않는다. 그래서 전형원소와 달리 족별 별명도 없다. 다만 3족은 희귀한 금속이라는 뜻에서 '희토류 원소(rare earth element)'라 부르며, 구리(Cu), 은(Ag), 금(Au)이 포함된 11족 원소는 고대부터 화폐로 사용되었기에 '주화 금속'이라 부른다.

족별로 나누지 않고 특성에 따라 분류하는 경우도 있다. 루테늄(Ru), 로듐(Rh), 팔라듐(Pd), 오스뮴(Os), 이리듐(Ir), 백금(Pt)은 '백금족 원소'라 부른다. 장식용 귀금속으로 많이 쓰인다. 잘 녹지 않는 성질을 가진 '난융 금속 원소'도 있다. 이 원소들은 철의 녹는점인 1539℃보다 높은 온도에서 녹는다. 나이오븀(Nb), 바나듐(V), 탄탈럼(Ta), 타이타늄(Ti),

지르코늄(Zr), 하프늄(Hf), 몰리브데넘(Mo), 텅스텐(W) 등이 있다.

'귀금속 원소'도 있다. 산화가 잘 안 되는, 반응성이 낮은 안정한 금속 원소다. 구리(Cu), 팔라듐(Pd), 은(Ag), 백금(Pt), 금(Au)을 말한다. 이 원소들은 장신구로 많이 쓰인다.

대부분의 전이금속은 각각 독특한 특성을 가진다. 그래서 다양한 분야에 널리 이용되는 전형원소와는 달리 특정한 분야에만 사용되는 경우가 많다.

21

스칸듐

Sc

태양처럼 밝은 빛

3족 희토류

야구장에 있는 조명은 해가 완전히 져도 경기하는 데 아무런 문제가 없을 정도로 밝다. 아무리 전등을 여러 개 모아 놓았다 해도 어쩜 저렇게 밝을까 싶을 정도다. 이렇게 태양처럼 밝은 조명을 만드는 데 쓰는 원소가 있으니, 바로 스칸듐(scandium)이다. 아이오드화스칸듐(ScI_3)이라는 스칸듐 할로젠 화합물로 만드는 이 조명은 방송 촬영장, 식물원 등에서도 쓰인다.

• 야구장의 밝은 조명은 스칸듐으로 만든다.

희토류의 첫 번째 원소인 스칸듐은 스칸디나비아 반도에 있는 노르웨이에서만 발굴되는 페그마타이트 광물에서 발견되었다. 오늘날에는 토르트바이타이트 광물에서도 추출하며, 우라늄과 텅스텐을 정제하는 과정에 나오는 부산물을 모아 만들기도 한다. 그러나 스칸듐은 광물로부터 뽑아내 금속 상태로 만들기도 어렵고 생산량도 적다. 우크라이나, 중국, 러시아에 몇몇 광산이 있을 뿐이며, 전체 연간 생산량이 10kg에 불과하다. 그러다 보니 값도 굉장히 비싸다. 같은 무게의 금보다 무려 3~5배가량 비싸다.

스칸듐-알루미늄 합금

스칸듐은 발견되기 전부터 멘델레예프의 주기율에 의해 '에카-붕소'라는 개념으로 불렸다. 붕소와 비슷한 특성을 가졌을 것이라 예상한 것이다. 실제로 스칸듐은 붕소족 원소와 잘 맞는다. 붕소족 금속인 알루미늄에 스칸듐을 합금하면 알루미늄이 더 강하고 탄력 있고 가벼워진다. 우주선, 전투기, 총기, 경주용 자전거 등에 사용된다.

발견자	라르스 프레드리크 닐손(Lars Fredrik Nilson)			발견 연도	1879년
어원	스칸디나비아의 라틴어 이름 'Scandia'				
특징	은백색의 무른 금속이다. 화학적으로 안정적이며, 물과 반응한다.				
사용 분야	고강도 알루미늄 합금, 고광도 조명 등				
원자량	44.956 g/mol	밀도	2.99 g/cm^3	원자 반지름	2.15 Å

최초로 발견된 희토류

3족 희토류

1787년 어느 날, 스웨덴 육군 장교이자 아마추어 화학자인 칼 악셀 아레니우스(Karl Axel Arrhenius)는 산책에 나선다. 평소 광물에 관심이 많던 그는 스톡홀름 근교 이테르비 마을 채석장 주변을 천천히 둘러보며 걷다가 검은색 돌멩이를 발견한다. 그렇게 우연히 인류 역사에 희토류가 등장한다.

3족인 스칸듐과 이트륨, 란타넘족, 이렇게 17개 원소를 희토류 원소라 일컫는다. 이날 아레니우스가 발견한 돌에는 8개의 희토류가 존재했는데, 그중 가장 먼저 발견된 원소가 이트륨(yttrium)이다.

야그 레이저

18족 비활성 기체 원소를 이용한 레이저보다 강력한 레이저가 '야그(YAG) 레이저'다. '야그'는 이트륨, 알루미늄(aluminium), 가넷(garnet, 석류석)의 머리글자를 따서 만든 말로, 백내장 치료, 흉터 치료, 원거리 레이저, 용접 등 의료, 산업 분야에서 널리 사용되고 있다(참고로 '레이저'는 'Light Amplification by Stimulated Emission of Radiation'의 머리글자를 따서 만든 약어다. 우리말로 '유도 방출에 의한 광 증폭'이라 한다).

이트륨 첨가제

• 이트륨.

이트륨은 다른 금속에 아주 적은 양을 첨가해 기능성 합금을 만드는 데 쓰인다. 금속을 단단하게 하고 고온에서 안정하게 만드는 효과가 있다. 
그래서 점화 플러그, 제트 엔진, 미사일 부품 등 높은 온도에서도 안정성을 유지해야 하는 부품을 만들 때 쓰인다. 또 유리에 더하면 강도와 열적 안정성을 높이기 때문에 손상에 민감한 초정밀 광학 렌즈 제조에도 활용된다.

일반적인 초전도체가 액체 헬륨이나 액체 질소로 아주 낮은 온도를 만들어야 작동하는 것과 달리, 이트륨이 첨가된 바륨-구리 합금은 비교적 높은 온도에서 초전도성을 나타내는 고온 초전도체 특성을 띤다. 그래서 송전, 자기부상 열차 등 미래 기술 분야에서 많은 관심을 받으며 연구되고 있다.

발견자	요한 가돌린(Johan Gadolin)			발견 연도	1794년
어원	이트륨 함유 광물이 발견된 스웨덴의 '이테르비(Ytterby)'				
특징	공기 중에서 안정적이다. 불에 타는 금속이다.				
사용 분야	야그 레이저, 합금, 고강도 유리, 초전도체 등				
원자량	88.906 g/mol	밀도	4.47 g/cm^3	원자 반지름	2.32 Å

거의 완벽한 원소

4족 타이타늄족

타이타늄(titanium, '티타늄'이라고도 부른다)은 완벽에 가까운 원소다. 강도는 강철만큼 강하면서도 무게는 강철의 절반밖에 되지 않고, 생체 친화도가 굉장히 높으며, 광촉매 기능을 하고, 녹이 슬지 않는다. 그런데 이러한 장점은 단점이기도 하다. 너무 강하고 가볍고 내구성이 강해 추출, 제련, 가공이 어려운 것이다. 그래서 매장량이 풍부함에도 값이 매우 비싸다.

현대 사회에서 타이타늄은 정말 무한히 많은 곳에 쓰이고 있다. 그중 몇 가지만 골라 살펴보자.

만능 금속

강도가 높고 가벼운 타이타늄의 특성을 가장 잘 활용할 수 있는 분야는 항공 우주다. 특히 20세기 중반 초음속 비행기가 개발됐을 때 타이타늄은 항공기 재료 1순위로 꼽혔다. 당시에도 매우 비쌌지만 대체할 원소가 없었다. 오늘날에는 좀 더 저렴한 합금들이 많이 개발되어 있기 때문에 연결 부위나 고정 나사 등 꼭 필요한 부속에만 타이타늄을 사용하고 있다.

타이타늄은 항공 우주 분야 외에도 가볍고 강한 금속이 필요한 모든 분야에 쓰인다. 운동 용품, 안경테, 경주용 자전거뿐만 아니라 견고한 소형 금속 부품이 필요한 음향 기기나 식기에도 사용된다. 휘거나 꼬여도 원래 형태로 복구되는 '형상 기억 합금'에도 쓰인다. 타이타늄은 강철과 함께 현대 사회 금속 산업의 최전선에 있는 원소다.

의료용 물질

우리 몸은 몸속에 이물질이 들어오면 위험 신호로 인식하고 이를 차단하거나 외부로 배출, 또는 염증 반응을 일으킨다. 그런데 우리 몸 안으로 들어와도 이러한 현상을 일으키지 않는 물질들이 있다. 이를 가리켜 생체 친화성이 높다고 표현한다. 타이타늄은 생체 친화성이 매우 우수한 금속 원소로, 몸에 삽입해도 딱히 부작용이 없다. 오히려 손상됐던 몸이 빠르게 복원된다. 그래서 치아 임플란트, 골절 치료 등 몸 안에 금속 지지대를 박아 넣어야 하는 시술을 할 때 타이타늄으로 만든 의료용 기기를 사용한다.

타이타늄은 독성이 거의 없고 자외선을 흡수, 차단하는 특성이 있어 자외선 차단제의 주성분으로도 이용된다. 섭취해도 부작용이 거의 없어 껌, 식재료 등에 치아 미백용으로 첨가하기도 한다.

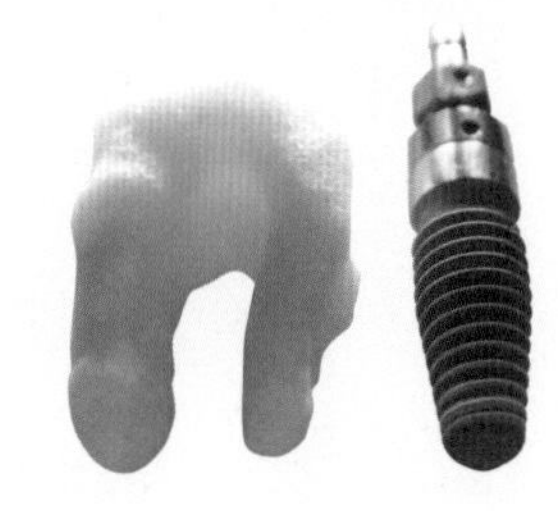

• 인공 치아. 나사 부분이 타이타늄이다.

광촉매

'광촉매'란 태양빛 또는 특정한 파장의 빛을 쪼였을 때 화학적, 전기적 반응이 일어나는 물질이다. 타이타늄의 산화물인 이산화타이타늄(TiO_2)은 가장 대표적인 광촉매로, 오염 물질 정화, 태양광 발전, 물 분해 등에 활용된다. 최근에는 광촉매 효과를 이용해 미생물이나 암세포를 제거하는 의료 분야에도 쓰이고 있다.

발견자	윌리엄 그레고르(William Gregor)			발견 연도	1791년
어원	그리스 신화의 땅의 여신이 낳은 거인족 '타이탄(Titan)'				
특징	강도가 높고 중량이 가볍다. 광촉매성, 생물 적합성 원소다.				
사용 분야	항공기, 차량, 자외선 차단제, 임플란트, 광촉매 등				
원자량	47.867 g/mol	밀도	4.506 g/cm^3	원자 반지름	2.11 Å

40

지르코늄

Zr

큐빅과 원자력 발전

4족 타이타늄족

다이아몬드는 영원의 상징으로 통하는 보석이다. 하지만 값이 워낙 비싸 일상적인 장신구로 쓰기는 부담스럽다. 그래서 다이아몬드와 비슷하게 생긴 다른 보석을 대체물로 사용하는 경우가 많은데, 그 보석이 바로 '큐빅'이다. '유사 다이아몬드'라고도 불리는 큐빅은 40번 원소 지르코늄(zirconium)의 산화물인 '큐빅 지르코니아(cubic zircornia)'로 만든다. 지르코늄 광석의 일종인 지르콘은 중동에서 '진짜 보석'으로 취급된다.

국가의 관리를 받다

금속 형태의 지르코늄은 대부분 원자력 발전소의 원자로(중성자를 이용해 핵분열을 일으키는 장치)를 만드는 데 사용된다. 중성자를 거의 흡수하지 않는 지르코늄의 독특한 성질을 이용하는 것이다. 그래서 이 원소는 전략 물자로 꼽힌다. 각국은 매장량, 생산량, 수출량을 엄격하게 관리하고 있다. 순도 높은 지르코늄은 나라의 허가 없이 취급할 수 없다.

지르코늄은 고온에서 물과 반응해 대량의 수소를 발생시키고 수소는 고온에서 폭발을 일으키기 때문에 원자로를 제때 냉각시키지 못하

• 큐빅 지르코니아를 가공해 만든 큐빅.

면 원자력 발전소가 폭발한다. 2011년 3월 일본 후쿠시마 원자력 발전소 폭발 사고도 이로 인해 일어났다. 이처럼 여러 위험 요소가 있지만 지르코늄보다 원자력 발전의 안전성과 효율성을 확실하게 보장할 수 있는 재료가 없기에 오늘날에도 널리 사용되고 있다.

지르코늄 합금은 내열 효과도 우수해 우주 왕복선의 내열재로 사용되며, 총알, 포탄의 탄두를 제작하는 데도 쓰인다. 지르코늄 금속은 강도가 높기 때문에 칼, 냄비와 같은 주방 식기의 코팅 물질과 자동차 엔진 코팅 물질로도 활용된다. 뿐만 아니라 타이타늄처럼 생체 친화적이어서 인공 치아, 인공 관절, 수술 도구 등에도 널리 쓰인다.

<table>
<tr><td rowspan="2">발견자</td><td colspan="4" rowspan="2">마르틴 하인리히 클라프로트
(Martin Heinrich Klaproth)</td><td>발견 연도</td></tr>
<tr><td>1789년</td></tr>
<tr><td>어원</td><td colspan="5">'금색'을 뜻하는 아라비아어 'zargun'</td></tr>
<tr><td>특징</td><td colspan="5">내열성이 높고 중성자를 통과시킨다. 생체 친화적이다.</td></tr>
<tr><td>사용 분야</td><td colspan="5">장신구, 원자로 피복재, 우주 왕복선, 세라믹 코팅 등</td></tr>
<tr><td>원자량</td><td>91.224 g/mol</td><td>밀도</td><td>6.52 g/cm³</td><td>원자 반지름</td><td>2.23 Å</td></tr>
</table>

72

하프늄

Hf

핵폭탄을 대신할 무기?

4족 타이타늄족

하프늄(hafnium)은 지르코늄에 약 1~4%씩 혼합된 상태로 존재하는 불순물이다. 화학적 성질이 지르코늄과 비슷해 분리하는 데 많은 시간과 노력이 들게 했다. 게다가 하프늄은 중성자를 통과시키는 지르코늄과 달리 중성자를 매우 잘 흡수한다. 그래서 하프늄이 분리되지 않은 지르코늄으로 원자로를 만들면 중성자를 흡수해 핵분열 효율이 낮아진다. 이러한 이유로 하프늄은 오랫동안 천덕꾸러기 취급을 받았는데, 완벽한 분리가 가능해진 뒤로는 오히려 귀하게 다뤄지고 있다.

원자로 제어봉

원자력 발전은 중성자를 이용해 핵분열을 일으키는 방식으로 작동하며, 중성자가 너무 많이 발생하면 '제어봉'이라는 기다란 막대 형태의 기구를 이용해 핵분열 속도를 조절한다. 제어봉은 중성자를 효과적으로 제거할 수 있는 물질로 만드는데, 이때 쓰이는 것이 하프늄이다. 하프늄은

• 체코 테메린 원자력 발전소의 제어봉 모델.

고온, 고압에도 물과 잘 반응하지 않기에 안전성 면에서도 우수하다. 그러나 매장량이 적고 값이 매우 비싸 극한의 환경에서 작동하는 원자로에만 이용하고 있다. 대표적인 예가 핵잠수함 원자로다.

전자 제품

전자 기기의 소형화와 고성능화에는 나노미터 단위의 초정밀 공정이 요구된다. 이처럼 아주 작은 단위의 환경에서는 정보를 담은 전자가 공간을 뛰어넘어 정보가 뒤섞이는 문제가 발생하곤 하는데, 하프늄 화합물은 이러한 현상을 최소화하는 전기 절연체로 이용된다. 전자 기술의 향상에 크게 기여하고 있다.

CD를 읽는 데는 네온 레이저가 쓰이지만 DVD를 재생하는 데는 푸른색 레이저가 쓰인다. 하프늄 화합물은 이 DVD 재생 레이저 광원을 제조하는 데도 사용된다.

백열전구

백열전구의 필라멘트는 녹는점이 높은 텅스텐으로 만들어진다. 텅스텐 필라멘트는 산소, 질소와 닿으면 수명이 빠르게 줄기 때문에 백열전구 안쪽은 반응성이 낮은 아르곤 기체로 채워지는데, 이때 전구 안쪽에 남은 산소와 질소를 없애는 데 하프늄이 쓰인다. 산소, 질소와 반응해 이를 없애는 하프늄의 특성을 이용하는 것이다. 필라멘트를 만들 때 소량 첨가한다.

하프늄 폭탄?

소설이나 영화를 보면 핵잠수함에서 하프늄 폭탄을 발사하는 이야기가 가끔 나온다. 실제로 미국은 국제적으로 개발이 엄격하게 규제되는 핵폭탄을 대신할 무기로 하프늄 폭탄을 연구했다. 탄탈럼에 양성자를 쪼여 하프늄-178m2를 만든 뒤 감마선을 이용하는 살상 무기를 만들려던 것이다. 그러나 비용이 굉장히 많이 들고 위력이 낮아 효용성이 없다는 결론을 내리고 폐기했다. 핵폭탄 이후의 차세대 무기로 하프늄 폭탄이 언급되는 경우가 가끔 있는데, 사실이 아니다.

<table>
<tr><td>발견자</td><td colspan="4">게오르크 카를 폰 헤베시(Georg Karl von Hevesy),
디르크 코스테르(Dirk Coster)</td><td>발견 연도
1923년</td></tr>
<tr><td>어원</td><td colspan="5">덴마크 코펜하겐의 라틴어 이름 'Hafnia'</td></tr>
<tr><td>특징</td><td colspan="5">내열성이 높고, 중성자를 흡수한다.</td></tr>
<tr><td>사용 분야</td><td colspan="5">핵잠수함 원자로 제어봉, 집적 회로 절연체, DVD 레이저 등</td></tr>
<tr><td>원자량</td><td>178.49 g/mol</td><td>밀도</td><td>13.3 g/cm³</td><td>원자 반지름</td><td>2.23 Å</td></tr>
</table>

보이지 않는 전쟁

4족 타이타늄족

러더포듐(rutherfordium)은 1964년 러시아 두브나 합동원자핵연구소의 플레로프 연구팀과 미국 로런스버클리국립연구소(LBL)의 기오르소 연구팀이 각각 합성한 인공 원소다. '소듐'과 '나트륨', '포타슘'과 '칼륨'으로 드러났던 국가 간의 알력 다툼이 이 원소로 또 한 번 벌어진다.

운닐쿠아듐, 쿠르차토븀, 러더포듐, 더브늄

인공 원소는 붕괴 속도가 워낙 빠르고 실제로 활용하기 어려워서 오늘날에는 공식적인 발표와 이름 짓기가 비교적 수월하게 이루어지지만, 당시에는 새로운 원소를 발견한다는 것이 나라의 과학 기술을 대표하는 성과처럼 받아들여져 보이지 않는 전쟁을 하듯 예민하게 다뤘다.

러시아는 구소련 원자 폭탄 개발 책임자였던 이고르 쿠르차토프의 이름을 따서 '쿠르차토븀(kurchatovium, Ku)'으로 정하자고 주장했고, 미국은 원자 구조를 밝히는 데 큰 역할을 한 뉴질랜드 출신의 물리학자 어니스트 러더퍼드의 이름을 따 '러더포듐(rutherfordium, Rf)'으로 정하기를 원했다. 대립이 격해지고 각자 자신들이 원하는 이름으로 부르기 시작하자 국제순수응용물리학연합회(IUPAP)는 회의를 열어 '더브늄(dubniu, Db, 지금은 105번 원소의 이름으로 쓰인다)'으로 정하기를 권했으나 결론을 내리지 못한다. 거기에 원소 번호 '104'를 뜻하는 임시 이름 '운닐쿠아듐(unnilquadium, Unq)'까지 더해 총 4개 이름이 함께 쓰인다.

• 어니스트 러더퍼드.

결국 1997년 회의를 통해 104번 원소는 러더포듐으로, 105번 원소는 더브늄으로 확정한다. 러시아가 주장한 쿠르차토븀은 1991년 고르바초프의 소련 해체와 원자 폭탄 연구라는 비인도적 업적 때문에 탈락한다. 이로써 104번 원소는 발견된 지 33년 만에 공식적인 이름을 갖는다. 국제 사회에서의 위치가 학계 발언권에 어떤 영향을 주는지 잘 보여 주는 사례다.

발견자	게오르기 플레로프(Georgy Flerov), 앨버트 기오르소(Albert Ghiorso)				발견 연도 1964년
어원	원자의 구조를 밝히는 데 기여한 물리학자 '어니스트 러더퍼드(Ernest Rutherford)'				
특징	방사성 붕괴 속도가 빠르다.				
사용 분야	없음				
원자량	267 g/mol	밀도	모름	원자 반지름	모름

다마스쿠스 검과 멍게

5족 바나듐족

바나듐(vanadium)은 몇 개의 전자를 잃느냐에 따라 +2~+5의 다양한 산화수를 갖는 이온으로 존재하는데, 흥미롭게도 이 이온들은 모두 화려한 색을 띤다. 그래서 원소의 이름도 발견지인 스칸디나비아 반도의 신화에 나오는 미와 사랑의 여신 '바나디스(Vanadis)'에서 따왔다. 바나듐을 가진 생명체는 겉보기에도 화려하다.

다마스쿠스 검

당시 기술력으로 만들기 어려운 물건이나 건축물을 '오버 테크놀로지(over technology)'라 부른다. 이는 미스터리로 취급되곤 하는데, 대표적인 예로 이스터 섬의 모아이 석상, 이집트의 피라미드 등이 있다.

'다마스쿠스 검(Damascus blade)'도 오버 테크놀로지로 꼽힌다. 고대 아라비아 시대에 제련된 무기인데, 당시 기술로 만든 것이라 믿어지지 않을 만큼 강도와 절삭력이 뛰어나고, 독특한 물결무늬가 들어가 있다. 이 미스터리한 매력 때문에 소설에도 자주 등장한다.

현대 연구자들은 이 신비의 검에 소량의 바나듐이 함유돼 있다는 사실과 바나듐이 철강의 강도를 향상시킨다는 사실을 밝혔다. 그러면서 20세기 초반부터 강철, 크로뮴강에 바나듐을 첨가해 강도를 높이는 기법을 사용하기 시작했다. 오늘날 바나듐은 금속 제련 첨가물로서 절삭 공구, 수술용 기구, 제트 엔진, 항공기 분야에 널리 쓰인다.

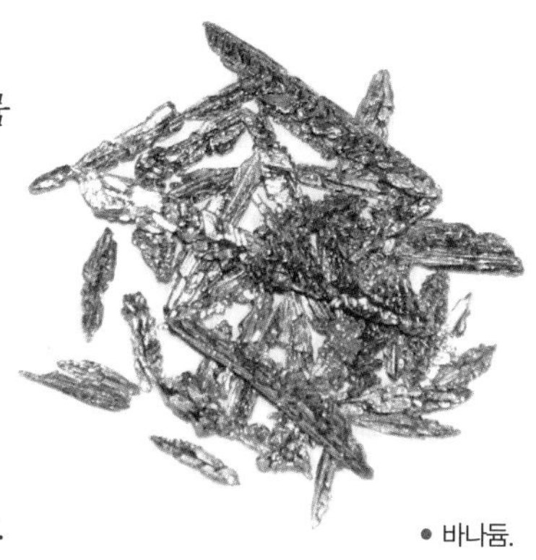

• 바나듐.

바나듐 세포

지구 생명체 중에는 특정 원소를 농축시키는 기관을 가진 경우가 있는데, 군소와 멍게가 가진 바나듐 세포도 그중 하나다. 군소와 멍게는 이 세포를 이용해 바닷물에 있는 바나듐을 몸 안에 농축한다. 그래서 화려하고 선명한 색을 띠는 경우가 많다.

바나듐은 생명체의 성장과 생식 활동에 적은 양이나마 반드시 필요한 원소다. 바나듐 화합물 중에는 당뇨를 개선하는 화합물도 있다고 밝혀져 당뇨 치료법으로 관심을 받고 있다. 멍게를 이용한 자연 치료요법 또한 많은 관심을 끌고 있다.

발견자	안드레스 마누엘 델 리오 (Andrés Manuel del Rio)			발견 연도	
				1801년	
어원	미와 사랑의 여신 프레이야(Freyja)의 옛 이름 '바나디스(Vanadis)'				
특징	산화수에 따라 다양한 색상이 나타나며, 독성이 적다.				
사용 분야	철강 제련 첨가물, 제트 엔진, 스프링, 의약품 등				
원자량	50.942 g/mol	밀도	6.0 g/cm^3	원자 반지름	2.07 Å

화려하게 녹슬다

5족 바나듐족

니오베라는 여인이 등장하는 그리스 신화가 있다. 제우스의 아들 탄탈로스 왕의 딸로, 마지막에는 비극적인 운명을 맞지만 부와 미모를 비롯해 모든 걸 가진 여인으로 묘사된다. 41번 원소 나이오븀(niobium)의 이름은 이 여인에게서 따왔다. 항상 73번 원소 탄탈럼과 함께 발견되는 데다 특성까지 비슷해서 쌍으로 지어진 이름이다. '니오븀'이라 부르기도 하지만, 우리나라는 미국식 표기를 따르기에 '나이오븀'이라 표기한다.

푸른 녹

정도의 차이는 있지만 모든 금속은 산소와 반응해 산화한다. 그리고 우리 주변에서 흔히 볼 수 있는 못, 자동차 등의 철은 산화할 때 검붉은 '녹(산화물)'이 슨다. 그런데 나이오븀은 같은 족 원소인 바나듐과 마찬가지로 산화수에 따라 노란색, 갈색, 푸른색, 보라색 등

• 나이오븀.

다양한 색상의 녹이 나타난다. 독성도 거의 없기 때문에 장신구, 기념주화 등을 제작하는 데 사용된다(바나듐도 색상이 다양하지만 몇몇 화합물은 독성이 강하다).

내열 합금

나이오븀을 더해 합금을 만들면 내열성(열을 견디는 능력)이 높아진다. 그래서 철도, 자동차, 제트 엔진, 항공기, 로켓 등 수많은 첨단 산업에 나이오븀 합금을 활용하고 있다.

총 생산량의 90% 이상을 브라질이 차지하고 있는 나이오븀은 비슷한 특성을 띠는 탄탈럼보다 생산량이 많고 저렴해 거의 모든 분야에 이용된다. 앞으로 70년 이상 채굴할 수 있을 만큼 매장돼 있어 양도 풍족한 편이다. 우리나라에도 2011년 충주와 홍천에서 나이오븀 광맥이 발견되었다.

나이오븀으로 탄탈럼을 완전히 대체하기 위한 노력이 계속되고 있다. 그 이유는 다음에 이어지는 탄탈럼에 관한 글에서 살펴보자.

<table>
<tr><td>발견자</td><td colspan="3">찰스 해쳇(Charles Hatchett)</td><td>발견 연도</td><td>1801년</td></tr>
<tr><td>어원</td><td colspan="5">그리스 신화에 등장하는 탄탈로스 왕의 딸 '니오베(Niobe)'</td></tr>
<tr><td>특징</td><td colspan="5">산화물의 색이 다양하고, 독성이 거의 없다.</td></tr>
<tr><td>사용 분야</td><td colspan="5">내열성 합금, 장신구, 기념품 등</td></tr>
<tr><td>원자량</td><td>92.906 g/mol</td><td>밀도</td><td>8.57 g/cm³</td><td>원자 반지름</td><td>2.18 Å</td></tr>
</table>

73

탄탈럼

Ta

산에 녹지 않는 금속

5족 바나듐족

탄탈럼(tantalum)은 이트륨을 비롯해 수많은 원소가 발견된 스웨덴 이테르비의 검은 광물에서 찾은 원소다. 이름은 그리스 신화의 탄탈로스 왕에게서 유래한다. 신화 속 탄탈로스 왕은 신들의 음식인 암브로시아를 훔쳐 인간에게 준 죄로 지옥에서 먹고 마시지도 못하며 영원히 고통받는데, 많은 양의 산에도 녹지 않을 만큼 내산성이 강하다는 원소의 특징이 탄탈로스 왕과 비슷하다 하여 탄탈럼으로 이름 지어진다. 탄탈럼은 오늘날 전자 제품의 핵심 원소로 자리매김하고 있다.

탄탈럼 콘덴서

탄탈럼은 내산성과 내열성, 자성이 강하고 무게가 가벼워 콘덴서(condenser, 전기회로 소자의 한 종류)를 제작하는 데 사용된다. 이렇게 만들어진 탄탈럼 콘덴서는 컴퓨터, 휴대전화 등의 전자 기기뿐만 아니라 자동차, 항공기, 군사 무기 등의 전자 장비에도 활용된

• 탄탈럼.

다. 탄탈럼 콘덴서는 일반적으로 사용되는 알루미늄 콘덴서보다 소형화하기가 쉽다.

스마트폰 산업이 빠르게 성장함에 따라 탄탈럼 콘덴서의 수요가 늘면서 탄탈럼 콘덴서를 대체할 나이오븀 콘덴서 개발에 관심이 모이고 있다. 탄탈럼은 매장량이 나이오븀의 10분의 1도 안 되고 추출하는 과정이 복잡하다. 게다가 주로 매장돼 있는 지역이 르완다, 콩고, 중동 등 분쟁 지역이다 보니 생산, 수급, 가격 안정화를 이루기가 어려워 대체할 원소 개발이 시급하다. 스마트폰 붐이 일면서 탄탈럼 값이 수년만에 10배가량 오르기도 했다.

생체 적합 합금

같은 족의 바나듐, 나이오븀과 마찬가지로 합금 첨가물로서 아주 우수한 특성을 가지고 있다. 가장 큰 장점은 뛰어난 내산성과 생체 적합성, 그리고 무독성이다. 원자로, 발전기, 터빈 등과 같은 산업 분야뿐만 아니라 인공 치아 나사, 인공 뼈와 같은 의료기 분야에서도 널리 사용되고 있다.

발견자	안데르스 구스타프 에셰베리 (Anders Gustaf Ekeberg)			발견 연도	1802년
어원	그리스 신화의 '탄탈로스(Tantalos) 왕'				
특징	내산성과 내열성이 높고 독성이 없다.				
사용 분야	콘덴서, 인공 뼈, 인공 치아 등				
원자량	180.948 g/mol	밀도	16.4 g/cm^3	원자 반지름	2.22 Å

합금으로 쓸 수 있을까?

5족 바나듐족

더브늄(dubnium)도 치열한 이름 짓기 싸움을 거친 인공 원소다. 러시아 두브나 합동원자핵연구소와 미국 로런스버클리국립연구소가 같은 해인 1970년 확실한 연구 결과를 얻었기에 싸움은 꽤나 오랫동안 이어졌다.

러시아는 원자 구조와 양자역학 분야에 업적을 남긴 덴마크의 물리학자 닐스 보어의 이름을 따서 닐스보륨(nielsbohrium, Ns)으로 정하자고 주장했고, 미국은 핵분열 현상을 발견해 노벨 화학상을 수상한 오토 한의 이름을 따 하늄(hahnium, Ha)으로 정하기를 원했다. 오랜 언쟁과 반복된 협상 끝에 105번 원소는 1997년 합동원자핵연구소가 있는 러시아 두브나 주의 이름을 딴 '더브늄'으로 확정됐다. 미국은 이미 로런스버클리국립연구소가 자리한 캘리포니아 주 버클리에서 이름을 따 95번 아메리슘, 97번 버클륨, 98번 캘리포늄을 지었기에 더 이상의 반대 없이 평화롭게 마무리됐다.

5족이라는 것

더브늄은 원자핵을 충돌시켜 얻은 인공 원소이기에 아주 적은 양을 얻고 그나마도 순식간에 붕괴돼 물리화학적 특성을 알 수 없다. 하지만 같은 5족 원소인 바나듐, 나이오븀, 탄탈럼 모두 합금으로서 우수한 특성을 가진, 산업적으로 매우 중요한 금속 원소이기 때문에 더브늄도 관심을 끌고 있다. 합성된 더브늄을 산화물 형태에서 바로 활용하려는 연구도 있었으나, 아직까지 의미 있는 결과는 나오지 않았다.

발견자	두브나 합동원자핵연구소(JINR), 로런스버클리국립연구소(LBL)				발견 연도
					1968년
어원	합동원자핵연구소가 있는 러시아 '두브나(Dubna) 주'				
특징	방사성 붕괴가 빠르게 이루어진다.				
사용 분야	없음				
원자량	268 g/mol	밀도	모름	원자 반지름	모름

녹슬지 않는 철

6족 크로뮴족

현대 사회를 구성하는 가장 대표적인 원소는 철이지만, 산화되면 장점이 모두 사라진다는 치명적인 약점이 있다. 이 문제를 단번에 해결한 것이 '스테인리스(stainless, '녹이 없다'는 뜻)강'이라고 불리는 합금이다. 싱크대, 수도, 식기 등 일상에서 흔히 볼 수 있는 수많은 물건이 이 합금으로 만들어진다. 크로뮴(chromium)은 스테인리스강을 만드는 데 가장 중요한 역할을 한다. 부식에 저항하는 성질인 내부식성이 강하기 때문이다. 오늘날 생산되는 크로뮴의 80% 이상이 이곳에 사용된다. 그렇다면 나머지는 어디에 어떻게 쓰일까.

금속 도색

자동차와 같은 금속 제품 색칠에는 물감이나 안료 대신 단단하고 녹슬지 않으며 광택을 내는 크로뮴 도색제가 사용된다. 크로뮴 도색은 수많은 제품에 널리 사용되는데, 오랫동안 흡입하거나 몸 안으로 흘러들면 중금속 중독을 일으킬 수 있어 위험하다.

2000년 초반부터 유럽연합(EU)을 시작으로 크로뮴 사용을 제한하는 법안이 계속 나오고 있지만, 아직 크로뮴을 대체할 원소를 발견하지 못해 지금도 계속 사용하고 있다.

물감

'색깔(color)'을 뜻하는 그리스어 'chroma'에서 이름을 따온 크로뮴은 금속 도색뿐 아니라 미술용 물감, 염색 안료에도 쓰인다. 앞서 소개한 5족 전이원소들처럼 크로뮴 화합물도 다양한 색상을 내기 때문이다. 그래서 색을 표현하는 단어들 중에는 '크롬(크로뮴의 옛 이름)'이라는 말이 들어간 경우가 많다. 크롬 옐로, 크롬 레드, 크롬 그린 등이 대표적이다.

• 크로뮴.

루비

루비, 사파이어, 에메랄드는 '강옥'이라고 불리는 보석의 종류다. 그중 크로뮴은 루비에 포함되어 붉은 색상을 만들어 내며, 인공 루비를 만드는 데도 사용되고 있다. 기억할지 모르겠지만, 1족 원소 루비듐은 루비와 전혀 관계가 없다.

<table>
<tr><td rowspan="2">발견자</td><td colspan="4" rowspan="2">니콜라 루이 보클랭
(Nicholas Louis Vauquelin)</td><td>발견 연도</td></tr>
<tr><td>1798년</td></tr>
<tr><td>어원</td><td colspan="5">'색'을 뜻하는 그리스어 'chroma'</td></tr>
<tr><td>특징</td><td colspan="5">강도가 높고 광택이 나며 내부식성이 강하다. 화합물의 색이 다양하다.</td></tr>
<tr><td>사용 분야</td><td colspan="5">스테인리스강, 도금, 도색, 안료, 인공 루비 등</td></tr>
<tr><td>원자량</td><td>51.996 g/mol</td><td>밀도</td><td>7.15 g/cm^3</td><td>원자 반지름</td><td>2.06 Å</td></tr>
</table>

흑연 같지만 흑연은 아닌

6족 크로뮴족

우리가 연필심으로 사용하는 '흑연(黑鉛)'을 말 그대로 번역하면 '검은 납'이다. 납처럼 무르고 광택을 띠며 촉감이 비슷해서 붙은 이름이다. 몰리브데넘(molybdenum)은 초기에 이 흑연으로 알려졌다. 몰리브데넘 역시 잘 미끄러지는 데다 필기구로 이용할 수 있기 때문인데, 흑연이 아니라는 사실이 밝혀진 뒤에도 오랫동안 납의 다른 종류로 취급되었다. 이름도 '납'을 뜻하는 그리스어 'molybdos'에서 따왔다.

고강도 합금

몰리브데넘은 6족 원소인 크로뮴, 텅스텐과 함께 합금의 주 첨가물로 이용된다. 앞서 소개한 크로뮴이 스테인리스강의 주재료로 사용되는 것처럼, 몰리브데넘은 M강이라 불리는 고강도 철 합금을 만드는 데 주로 쓰인다. 녹는점이 아주 높기 때문에 내열성도 뛰어나다. 이러한 몰리브데넘 합금은 항공기, 우주선, 미사일, 전차, 총기류 등을 만드는 데 쓰

• 몰리브데넘.

인다. 텅스텐보다 저렴해서 많은 양을 채굴해 사용하고 있다. 우리나라에는 세계 총 매장량의 10%가량이 있으며, 최근에는 국내에서 생산도 하고 있다.

생명체 성장의 핵심

몰리브데넘은 동식물 모두에게 반드시 필요하다. 인간을 비롯한 동물의 몸 안에서 여러 작용을 하는 효소의 핵심 원소로, 몰리브데넘이 부족하면 식도암에 걸릴 수 있다. 식물에게는 더 중요한 기능을 하는데, 대기 중의 질소를 질소 화합물로 바꿔 생명 유지에 활용할 수 있게 만든다.

발견자	페테르 야코브 옐름(Peter Jacob Hjelm)		발견 연도		1781년
어원	'납'을 뜻하는 그리스어 'molybdos'				
특징	녹는점이 높고 무르며 광택이 난다.				
사용 분야	합금, 생체 효소, 비료 등				
원자량	95.95 g/mol	밀도	10.2 g/cm³	원자 반지름	2.17 Å

탐욕스러운 늑대

6족 크로뮴족

텅스텐(tungsten)은 우리나라 경제 발전의 원동력이었던 원소다. 강원도 영월에는 세계 최대의 텅스텐 매장 광맥이 있는데, 주된 수출품이 없던 1950~70년대에는 세계 텅스텐 총 생산량의 15%를 생산했다. 당시 텅스텐 수출액은 우리나라 총 수출액의 약 70%를 차지했다.

텅스텐은 원소 이름과 원소 기호가 완전히 다르다. 원소 이름은 '무거운(tung) 돌(sten)'을 뜻하는 스웨덴어로, 텅스텐으로 이루어진 광물 '회중석(灰重石)'의 개념에서 유래한다. 반면 원소 기호인 W는 텅스텐을 분리하기 전부터 인류가 널리 사용한 주석과 관련이 있다. 텅스텐 광석이 주석 광석에 섞이면 주석이 찌꺼기처럼 부서진다. 그래서 주석 광산에서 텅스텐 광석이 발견되면 생산량이 급감하고, 심한 경우 폐쇄됐다. 사람들은 주석을 파괴하는 텅스텐 광석이 마치 '탐욕스러운 늑대' 같다 해서 '볼프라마이트(wolframite)'라고 부르고 여기서 나온 원소를 '볼프람(wolfram)'이라 했는데, 여기서 'W'라는 원소 기호가 나왔다.

• 텅스텐.

최고의 합금 재료

매우 가볍고 쉽게 마모되지 않는 텅스텐 합금은 오늘날 산업 분야에서 최상위를 차지하고 있다. 모든 금속 원소 중 녹는점이 가장 높아 내열성이 우수하고 밀도도 높아 전 분야에서 사용된다. 공작 기계, 석유 시추, 철갑탄, 운동 기구, 수술 도구, 비행기, 전구 필라멘트, 경주용 자동차, 방사능 차폐재 등 쓰임도 다양한데, 값이 비싸 더 적극적으로 사용하지는 못하고 있다. 탄환을 비롯한 여러 군사용품의 주재료이기 때문에 각 나라는 텅스텐을 전략 원소로 분류하고 석유와 함께 전시용 물자로 관리하고 있다.

도자기 유약

텅스텐 화합물은 고대 동양 문화권의 유산인 백자의 연한 분홍빛을 내는 데 사용되어 왔다. 물론 고대에 텅스텐을 분리해서 사용한 것은 아니지만, 텅스텐 사용의 중요한 역사로 받아들여지고 있다.

<table>
<tr><td rowspan="2">발견자</td><td colspan="4" rowspan="2">후안 호세 엘야아르(Juan José Elhuyar),
파우스토 엘야아르(Fausto Elhuyar)</td><td>발견 연도</td></tr>
<tr><td>1783년</td></tr>
<tr><td>어원</td><td colspan="5">원소 이름: '무거운 돌'을 뜻하는 스웨덴어 'tung sten'
원소 기호: 텅스텐의 독일어 이름 '볼프람(wolfram)'</td></tr>
<tr><td>특징</td><td colspan="5">금속 원소 중 녹는점이 가장 높고 증기압은 가장 낮다.</td></tr>
<tr><td>사용 분야</td><td colspan="5">초경량 합금, 초내열성 합금, 유약, 비료 등</td></tr>
<tr><td>원자량</td><td>183.84 g/mol</td><td>밀도</td><td>19.3 g/cm³</td><td>원자 반지름</td><td>2.18 Å</td></tr>
</table>

최초로 생존자를 기리다

6족 크로뮴족

노벨상 수상을 위해 반드시 갖춰야 할 조건은 무엇일까? 혁신적이고, 우수하고, 의미 있는 발견을 하는 것은 기본이다. 그런데 그것만큼이나 중요한 조건이 있다. 답은 '살아 있어야 한다'는 것이다. 노벨재단은 죽은 사람에게 절대 수여하지 않는다는 원칙을 바탕으로 수상자를 고른다. 많은 우수한 과학자가 이 조건을 만족시키지 못해 노벨상을 받지 못했다.

반면에 원소 이름은 살아 있는 사람의 이름을 따오지 않는 것이 원칙이다. 하지만 예외가 있으니, 바로 106번 원소 시보귬(seaborgium)이다. 시보귬이 이 규칙을 깨뜨린 덕에 118번 원소 오가네손도 생존해 있는 발견자의 이름을 따서 지을 수 있었다.

• 글렌 시어도어 시보그.

시보귬 역시 인공 원소로, 1974년 미국 로런스버클리국립연구소에서 처음 만들어졌다. 검증 실험을 마친 로런스버클리국립연구소 측은 1994

년 화학 분야에 많은 업적을 남긴 미국의 화학자 글렌 시어도어 시보그의 이름에서 유래한 시보귬을 정식 이름으로 제안했다. 그러나 국제순수응용화학연합회는 원소 이름에 생존자의 이름을 사용하는 일은 전례가 없다는 이유로 받아들이지 않았다. 하지만 로런스버클리국립연구소는 포기하지 않았다. 시보그의 생존 여부에 관심을 가진 사람이 거의 없다는 조사 결과를 제시하며 강력하게 주장했다. 결국 '시보귬'은 정식 명칭으로 채택되었다.

시보귬의 특성은 전혀 알려진 것이 없다.

발견자	앨버트 기오르소(Albert Ghiorso)			발견 연도	1974년
어원	미국의 화학자 '글렌 시어도어 시보그(Glenn Theodore Seaborg)'				
특징	살아 있는 인물의 이름에서 원소 이름을 따온 최초의 사례다.				
사용 분야	없음				
원자량	269 g/mol	밀도	모름	원자 반지름	모름

사실상 무한한

7족 망가니즈족

한때 '망간'이라 불리던 원소 망가니즈(manganese)는 지구에 12번째로 많은 원소로, 고갈될 일이 거의 없다. 광산을 채굴해서 얻는 일반적인 금속 원소와 달리, 망가니즈는 바닷속에 공 모양의 망가니즈 단괴(특정 성분이 농축되어 단단해진 덩어리)가 무려 5000억t이나 쌓여 있기 때문이다. 태평양 바닥에 산더미처럼 쌓인 망가니즈 단괴를 꺼내는 것은 불가능해 보였지만, 2016년 신기술을 개발하면서 현실이 되었다. 지각에도 매우 많은 양이 존재하는데, 이는 미래 자원으로 보관하고 있다. 망간은 생명체에 반드시 필요한 필수 무기질이다.

철과 알루미늄을 강화시키다

1년에 1000만t 넘게 생산되는 망가니즈의 90% 이상이 합금 제조에 이용된다. 현대 기술에 필요한 거의 모든 종류의 강철에는 망가니즈가 첨가되는데, 철이 파괴되는 것을 막고 강도를 높일 뿐만 아니라 제련 과정에서 기포가 발생하는 문제도 해결한다. 알루미늄에도 망가니즈를 첨가해 합금을 만든다. 알루미늄-망가니즈 합금은 알루미늄 캔, 항공기 몸체 등에 널리 사용된다.

자석, 건전지, 동전

망가니즈는 우수한 전자기적 특성을 띤다. 그래서 자석을 만들 때도 소량의 망가니즈를 더해 자력을 강화한다. 우리가 흔히 사용하는 AA 크기와 AAA 크기의 1.5V건전지에도 망가니즈가 첨가돼 있다. 동전에 망가니즈를 넣는 나라들도 많은데, 자석에 붙을 정도는 아니지만 약간의 자성을 띠게 함으로써 자판기가 동전을 확실하게 인식하도록 돕는다.

• 망가니즈 단괴.

동식물 필수 무기질

망가니즈는 동식물의 필수 원소다. 동물의 몸에서는 효소들을 정상적으로 작동하게 하고, 식물에게는 광합성을 가능하게 한다. 망가니즈가 부족하면 근육 떨림이나 골다공증을 일으키고, 너무 많이 섭취하면 신경이 손상된다. 일반적인 식단으로도 적당한 양을 자연스럽게 섭취할 수 있으므로 특별한 경우가 아니면 크게 신경 쓰지 않아도 된다.

발견자	요한 고틀리에브 간(Johan Gottlieb Gahn)			발견 연도	1774년
어원	그리스에서 출토되는 '마그네시아(Magnesia)석'				
특징	무르고, 전자기적 특성을 띤다.				
사용 분야	망가니즈 합금, 자석, 건전지, 생체 기능 유지 등				
원자량	54.938 g/mol	밀도	7.3 g/cm^3	원자 반지름	2.05 Å

최초의 인공 원소

7족 망가니즈족

테크네튬(technetium)은 원자 번호 1번 수소와 86번 라돈 사이에 존재하는 단 하나의 인공 원소다. 어째서 높은 원자 번호의 불안정한 원소도 아닌데 자연에서 발견하지 못하고 인공적으로 만들어졌을까.

과학 기술의 승리

멘델레예프가 주기율표를 발명한 이후 수많은 과학자가 연구와 실험을 하며 주기율표를 채워 나갔다. 그런데 43번 자리에 들어갈 원소는 1900년대 중반까지 발견되지 않았다. 그러던 중 가속기로 몰리브데넘에 중성자를 충돌시킨 실험에서 43번 원소로 예측되던 특성을 가진 원소가 발견된다. 이것이 최초의 인공 원소, 테크네튬이다. '인공'을 뜻하는 그리스어 'tekhnetos'와 '기술'을 뜻하는 'technology'를 합쳐 이름 지었다.

그렇다면 테크네튬은 왜 자연계에서 전혀 관찰되지 않을까? 자연적으로 붕괴하기 때문이다. 반감기가 가장 긴 테크네튬조차 반감기는 423만 년(테크네튬-98)밖에 되지 않는다. 46억 년 전 지구의 탄생과 함께 생성된 모든 테크네튬은 오랜 시간이 흐르며 자연스럽게 붕괴해 다른 원소들로 바뀌었을 것이다. 그래서 테크네튬은 자연에서 추출할 수 없고 핵폐기물을 처리하는 과정에서 분리해 낸다.

내부식성 합금

테크네튬은 내부식성이 매우 높아 공기 중의 산소와 거의 반응하지 않는다. 그래서 내부식성 강철 합금을 제조하는 데 사용된다. 물론 테크네튬은 자연적으로 붕괴하며 방사능을 내는 원소이기에 일반적인 철강 제품에는 쓰지 않는다. 방사능 유출을 고려하지 않아도 되는 아주 제한적인 분야에만 이용하고 있다.

방사성 진단법

테크네튬은 암 조직을 진단하는 방사성 영상 진단 기술에도 쓰인다. 방사성 물질이라고는 하지만 몸 안에 들어갔다가 자연스럽게 배출되기까지 걸리는 시간을 생각하면 피폭에 대한 피해가 거의 없다고

• 테크네튬-99m 발생기.

볼 수 있다. 뇌, 폐, 간, 뼈를 비롯해 온몸의 암 조직을 검출해 내는 데 효과적이다. 인체 안전성을 검증하기 위해 몇 주 동안 쥐에게 테크네튬을 섭취시킨 실험에서도 어떠한 화학적, 방사능적 독성이 검출되지 않았다.

발견자	카를로 페리에(Carlo Perrier), 에밀리오 지노 세그레(Emilio Gino Segrè)				발견 연도 1937년
어원	'인공'을 뜻하는 그리스어 'tekhnetos'와 '기술'을 뜻하는 'technology'				
특징	내부식성이 높고, 자연적으로 방사성 붕괴한다.				
사용 분야	내부식성 합금, 방사성 진단 등				
원자량	98 g/mol	밀도	11 g/cm^3	원자 반지름	2.16 Å

75

레늄

Re

고온 초합금의 주재료

7족 망가니즈족

레늄(rhenium)은 천연 원소들 중에서 마지막에 발견된 원소다. 끓는점이 5590℃로 모든 원소 중 가장 높으며, 녹는점은 3185℃로 텅스텐 다음으로 높다. 그래서 고온에서도 사용 가능한 고온 초합금의 주재료로 쓰인다. 사실 내열성은 레늄보다 텅스텐이 우수하지만 텅스텐보다 가공이 쉬워 더 널리 사용된다. 타이타늄이 철보다 우수하지만 값이 비싸고 가공하기가 어려워 철이 더 많이 이용되는 것과 마찬가지다. 레늄은 고온에서도 강한 내구성을 유지하기에 우주선, 제트 엔진, 로켓의 분사구 제조에 가장 많이 사용된다. 그런데 아쉽게도, 귀금속을 제외한 나머지 원소 중 가장 비싼 금속 원소라는 단점이 있어 대체 물질을 개발하는 연구가 꾸준히 진행되고 있다.

정유 사업

시추한 석유는 휘발유, 등유 등으로 분류된다. 그리고 같은 휘발유라도 일반 휘발유, 고급 휘발유 등으로 등급이 나뉜다. 이렇게 등급을 나누는 기준은 무엇일까. 바로 '옥탄값'이다. 휘발유가 실린더 안에서 이상 폭발을 일으키지 않을 가능성을 수치화한 것인데, 옥탄값이 높

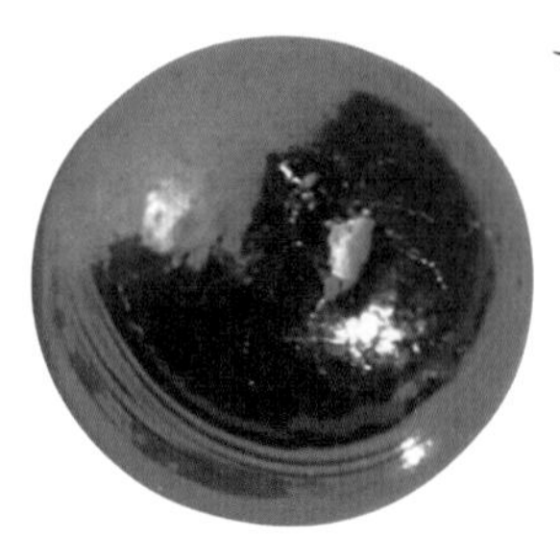

● 레늄.

을수록 높은 등급을 받는다. 레늄은 석유를 정제하는 과정에서 높은 등급의 기름을 얻기 위해 촉매로 사용하는 원소다. 백금과 레늄을 함께 사용하면 가장 이상적인 옥탄화 촉매 반응이 나타나기 때문에 석유화학 산업에서는 비싼 값에도 불구하고 적극 활용한다.

필라멘트

모든 원소 중 끓는점이 가장 높은 레늄은 고효율 전구의 필라멘트, 사진 플래시, 전기 용접 등에 합금 형태로 활용된다. 보석 장신구를 도금하는 데도 쓰인다.

발견자	발터 노다크(Walter Noddack), 이다 타케(Ida Tacke), 오토 베르크(Otto Berg)			발견 연도 1925년	
어원	독일의 라인(Rhein) 강을 뜻하는 라틴어 'Rhenus'				
특징	끓는점은 가장 높고, 녹는점은 두 번째로 높다. 촉매 효과가 있다.				
사용 분야	고온 초합금, 옥탄화 촉매, 고온 필라멘트, 보석 도금 등				
원자량	186.207 g/mol	밀도	20.8 g/cm^3	원자 반지름	2.16 Å

107

보륨

Bh

성질이 밝혀진 인공 원소

7족 망가니즈족

대부분의 인공 원소는 러시아 두브나 합동원자핵연구소와 미국 로런스버클리국립연구소의 합동 연구에 의해 발견되었다. 그러나 보륨(bohrium)은 처음으로 다른 연구소에 의해 발견된 원소다. 1981년 독일 중이온가속기연구소(GSI)가 발견해 학계에 보고했다.

보륨 역시 다른 인공 원소들처럼 매우 적은 양만 발견되고 매우 빠른 시간 안에 붕괴해 사라지지만 화학적 성질은 일부 밝혀져 있다. 기체 상태에서 산소(O_2), 염화수소(HCl)와 반응해 보륨옥시산화물(BhO_3Cl)을 생성한다.

발견자	페터 아름브루스터(Peter Armbruster), 고트프리트 뮌첸베르크(Gottfried Münzenberg)			발견 연도
				1981년
어원	덴마크의 물리학자 '닐스 보어(Niels Bohr)'			
특징	빠르게 방사성 붕괴하며, 보륨옥시산화물을 생성한다.			
사용 분야	없음			
원자량	270 g/mol	밀도	모름	원자 반지름	모름

산업의 쌀

8족 철족

우리나라에서 쌀은 없어서는 안 될 농작물이다. 지금까지 그래 왔고, 앞으로도 그럴 것이다. 산업계에서 쌀처럼 대체 불가능한 역할을 하고 있는 원소가 바로 철(iron)이다. 철은 '산업의 쌀'로 불리며 기원전 3500년부터 지금까지 가장 중요한 금속 원소로 취급되고 있다. 다양한 특성을 가진 여러 금속 원소와 합금해 강철, 스테인리스강, 내열 초합금, 초경량 합금 등 제련, 제강 물질을 만들어 내며, 수많은 물건의 재료로 쓰인다. 현대 사회에서 철이 사용되지 않는 곳을 찾는 것은 불가능하다. 여기서는 비교적 잘 알려지지 않은 용도만 살펴보려 한다.

산소와 헤모글로빈

인간의 생명은 호흡을 통해 얻은 산소를 혈액 안의 적혈구가 몸 안 곳곳으로 전달함으로써 유지된다. 이때 산소 전달의 핵심 역할을 하는 것이 바로 철이다. 우리 몸에는 약 4mg의 철(철분)이 존재하는데, 대부분 적혈구 안에 있는 붉은색 화합물인 헤모글로빈(haemoglobin)의 중앙에 자리 잡고 있다. 산소는 헤모글로빈에 있는 철과 결합해 혈관을 타고 이동하면서 온몸의 세포로 전달되므로 철이 없으면 아무리 열심히 호흡해도 산소를 세포에 공급할 수 없다. 그래서 철이 부족하면 어지럼증을 느끼고 심하면 까무러치는 빈혈 증상이 나타난다. 피의 비릿한 맛도 헤모글로빈에 있는 철에서 나온다. 피 맛을 '쇠 맛'이라고 표현하는 이유다.

촉매와 환원제

철은 장점이 많은 원소지만 결정적인 단점도 있다. 산화가 잘 된다는 것이다. 흔히 '녹슨다'고 말하는 현상이다. 철은 산화되면 검붉은 빛의 산화철로 바뀌는데, 비나 눈에 노출돼 있는 철제에서 쉽게 관찰할 수 있다. 녹슨 철은 독성이 있어 이것으로 상처를 입으면 파상풍에 걸릴 수 있다.

산화된다는 것은 철이 가지고 있던 전자를 다른 곳으로 빼앗겨서 상태가 변한다는 뜻인데, 철은 빼앗긴 전자를 주위의 다른 물질로 이동시키는 '환원 작용(산화의 반대 현상)'을 일으킨다. 그래서 촉매와 환원제(다른 물질을 환원시키는 물질)로 사용된다. 암모니아를 합성하는 기술인 하버-보슈 공정, 윤활유 제조, 화학 반응 등에 촉매로 활용되며, 하수처리, 잉크 제조 등에 환원제로 쓰인다.

나노 기술

철은 매장량이 워낙 많아 값이 저렴할 뿐만 아니라 그 자체로는 사람의 몸에 별다른 독성을 보이지 않는다. 그래서 나노 크기의 아

• 철.

주 작은 물질을 사용하는 현대 기술에 적극 활용되고 있다. 특히 철로 나노 입자를 만들어 항암 치료, 암세포 제거, 약물 전달에 쓰는 등 의료 분야에 널리 활용하고 있다. 우리 몸으로 흘러든 철은 트랜스페린(transferrin)이라는 철 결합 단백질에 붙어 여기저기 필요한 곳으로 전달되었다가 서서히 사라지기 때문에 생물학적으로 활용하기 좋다.

발견자	모름		발견 연도	기원전 3500년 무렵 추정	
어원	원소 이름: '철'을 뜻하는 앵글로색슨어 'iren' 원소 기호: '철'을 뜻하는 라틴어 'ferrum'				
특징	지구 핵을 구성하고 있는 물질이다. 강도가 세고 전기 전도성이 있다.				
사용 분야	합금, 촉매, 환원제 등				
원자량	55.845 g/mol	밀도	7.87 g/cm^3	원자 반지름	2.04 Å

요정의 가루

8족 철족

애니메이션 〈피터 팬〉에서 요정 팅커벨은 마법의 가루를 뿌려 아이들을 날게 한다. 현실에 없는, 그야말로 만화 같은 장면이다. 그런데 실제로 '요정의 가루(pixie dust)'라 불리는 원소가 있다. 바로 루테늄(ruthenium)이다. 어떤 특성이 있기에 요정의 가루라고 불리는 걸까.

컴퓨터, 스마트폰 등의 전자 기기는 고성능, 소형화라는 두 마리 토끼를 잡는 방향으로 계속 발전하고 있다. 집적 회로의 연산 속도는 빨라지고, 자기 디스크(magnetic disc)의 크기는 작아지고 있다. 이 과정에 많은 원소가 활용됐는데, 자기 디스크 발전에는 루테늄이 한몫했다.

자기 디스크는 자성을 이용해 정보를 저장하는 컴퓨터 보조 기억장치다. 무작정 크기를 압축시키면 정보가 뒤죽박죽되기 때문에 소형화하는 데 어려움이 있었는데, 루테늄을 활용하면서 이 문제가 해결됐다. 디스크 자성 층에 매우 얇은 루테늄 층을 넣어 디스크 효율을 4배 이상 높인 것이다. 이후 전자 산업, 특히 자기 디스크 분야에서 루테늄은 필수 원소가 되었다. 그리고 마법 같은 효과를

• 루테늄.

낸다는 뜻에서 '요정의 가루'라는 별명이 붙었다. 루테늄의 수요는 계속 늘고 있으며, 80% 이상이 남아프리카에서 생산된다.

루테늄 촉매

수많은 금속 원소가 촉매로 이용되는데, 그중에서도 루테늄은 우수한 촉매 물질로 손꼽혀 생산량의 약 40%가 촉매로 쓰인다. 암모니아와 염소 가스 대량 생산에도 반드시 필요하다.

항암제

금속 원소로 만든 항암제 중 가장 널리 쓰이는 것은 백금이 든 시스플라틴(cisplatin)이다. 그런데 최근 연구에 따르면 루테늄 화합물이 시스플라틴보다 안전하게 암세포를 죽일 뿐만 아니라 다른 치료도 함께 진행할 수 있다는 사실이 밝혀져 차세대 항암제로 주목받고 있다.

비록 같은 족 원소인 철에 가려져 과소평가되고 있지만, 이외에도 루테늄은 태양광 발전, 색소, 도금, 감지기를 비롯한 수많은 분야에서 사용되고 있다.

발견자	카를 카를로비치 클라우스(Karl Karlovich Klaus)		발견 연도		1844년
어원	발견자의 조국 러시아의 라틴어 이름 'Ruthenia'				
특징	은백색 금속으로, 철보다 전기전도도와 열전도도가 뛰어나다.				
사용 분야	전자 산업, 촉매, 태양 발전, 색소, 금속 도금, 항암제 등				
원자량	101.07 g/mol	밀도	12.1 g/cm³	원자 반지름	2.13 Å

만년필, 명품이 되다

8족 철족

오스뮴(osmium)은 정확한 측정이 가능한 원소들 중 밀도가 가장 높은 원소다. 밀도 높기로 유명한 납보다 무려 두 배나 높다. 오스뮴은 극도로 단단할 뿐만 아니라 녹는점과 끓는점이 각각 3033℃, 5008℃로 매우 높아 물리적 특징이 우수하지만, 놀랍게도 쉽게 부서진다는 치명적인 단점이 있다('단단하다'와 '부서진다'는 공존할 수 있다). 그래서 다루기가 매우 어렵고, 지각에 존재하는 양도 여섯 번째로 적어 생산과 활용에 제약이 많다.

오스람

전구를 사 본 적이 있다면 오스람(Osram)이라는 전구를 본 적이 있을 것이다. 세계적인 전등 회사 오스람의 이름은 76번 원소 '오스뮴'과 74번 원소 텅스텐의 독일식 이름 '볼프람(wolfram)'을 합성해 지은 것으로, 초기 전구의 필라멘트를 오스뮴으로 만들었다는 사실에 비롯한다. 녹는점과 끓는

• 오스뮴.

점이 높은 오스뮴은 고온에서 빛을 만들어야 하는 전구 필라멘트의 재료로 꼭 알맞았지만 쉽게 부서지는 성질 때문에 내구성이 좋지 않아 초기에 잠깐 이용되다가 텅스텐 필라멘트로 교체되었다. 오스람은 전구 필라멘트 역사의 시작부터 끝까지 함께한다는 뜻에서 두 원소의 이름을 합성해 이름을 지었다.

내마모성 초합금

오스뮴의 단단함은 합금을 만들 때 빛을 발한다. 오스뮴을 더하면 강도가 높아지는 것은 물론이고 내마모성(쉽게 닳아 없어지지 않는 특성)까지 생겨 쉽게 부서지는 오스뮴의 단점을 극복할 수 있다. 그러나 안타깝게도 생산량이 적고 값이 비싸 적은 양으로 높은 효과를 볼 수 있는 곳에만 사용된다. 고가의 명품 만년필과 볼펜의 촉이 대표적인 예다. 오스뮴 합금 필기구는 오래 사용해도 끝이 뭉툭해지지 않는다. 또 화합물 상태일 때와 달리 금속 상태의 오스뮴은 어떠한 독성도 띠지 않는데, 이 같은 물리적 특성과 생체 친화성을 이용해 인공 심장 박동기 등 체내 삽입형 인공 장기를 제작하는 데 쓰이고 있다.

냄새와 독성

오스뮴의 이름은 '냄새'를 뜻하는 그리스어 'osme'에서 유래한다. 대표적인 오스뮴 화합물 사산화오스뮴(OsO_4)의 특징 때문인데, 사산화오스뮴 화합물은 촉매로서 뛰어난 역할을 하지만(오스뮴 화합물은 촉매화학 반응으로 2001년 미국의 유기화학자 칼 배리 샤플리스가 노벨 화학상을 수상하는 데 기여하기도 했다) 냄새가 독하고 독성이 매우 높아 인체와 자연환경에 해롭다. 그러나 대체할 물질이 없어 계속 이용되고 있는 상황이다. 대신 다른 유독 물질과 분류해 별도로 폐수 처리를 하는 등 굉장히 주의해서 다뤄지고 있다.

발견자	스미슨 테넌트(Smithson Tennant)			발견 연도	1803년
어원	'냄새'를 뜻하는 그리스어 'osme'				
특징	밀도가 가장 높은 원소다. 강도가 높지만 쉽게 부서진다.				
사용 분야	합금, 만년필 촉, 촉매, 의료 기기, 의약품 등				
원자량	190.23 g/mol	밀도	22.5872 g/cm^3	원자 반지름	2.16 Å

천연 원소로 추측되는 인공 원소

8족 철족

하슘(hassium)은 독일 중이온가속기연구소가 1984년 최초로 합성 보고한 인공 원소다. 오스뮴보다 밀도가 두 배 이상 높을 것으로 예상된다.

하슘은 광석에 존재하는 것으로 추측되지만 분리하는 데 실패해 결국 가속기로 합성해 만들었다. 다른 인공 원소와 마찬가지로 방사성 붕괴 속도가 매우 빨라 물리화학적 특성은 밝혀진 것이 없다. 다만 사산화하슘(HsO_4) 형태의 화합물을 생성하며, 여러 유용한 특성을 가진 철족이기에 활용할 방법이 있을 거라 기대되는 원소다.

발견자	페터 아름브루스터(Peter Armbruster), 고트프리트 뮌첸베르크(Gottfried Münzenberg)			발견 연도 1984년	
어원	하슘이 처음 만들어진 독일 '헤센(Hessen) 주'				
특징	밀도가 가장 높을 것이라 예측된다. 방사성 붕괴 속도가 빠르다.				
사용 분야	없음				
원자량	269 g/mol	밀도	40.7 g/cm^3 추정	원자 반지름	모름

27

코발트

Co

짙고 푸른 요괴

9족 코발트족

은은 17세기 전부터 귀금속으로 다뤄져 많은 양이 채굴되었다. 그런데 은을 채굴할 때면 은과 구분하기 어려운 은빛 금속 광석이 이따금 함께 채굴돼 사람들을 곤란하게 했다. 게다가 이 '불순물'은 독성 증기를 뿜고 용광로를 손상시키며 은 제련을 방해했다. 사람들은 그 모습이 마치 요괴와 같다 하여 이 불순물에 '코발트(cobalt)'라는 이름을 붙였다. 독일 전설에 등장하는 요괴 '코볼트(kobold)'처럼 해로운 물질이라는 것이다. 제련 기술이 발달한 오늘날 코발트는 여기저기 유용하게 쓰이지만, 강한 독성은 여전히 문제가 되고 있다.

코발트 블루

흔히 '코발트'라고 하면 짙고 푸른 '코발트 블루' 색상을 가장 먼저 떠올릴 것이다. 실제로 많은 코발트 화합물이 이 색을 띠며, 푸른색 잉크, 유리, 염료 등을 제작하는 데 널리 이용된다. 고대 중국 청자와 자기도 코발트가 든 물질로 만들어졌다.

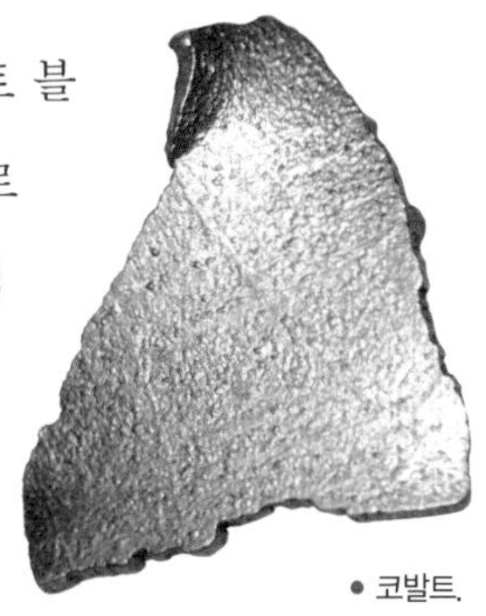

• 코발트.

리튬 이온 전지

코발트는 오늘날 전자 산업의 핵심인 리튬 이온 전지를 만드는 데도 사용된다. 리튬 이온 전지는 컴퓨터, 전자 제품, 카메라 등 일상용품뿐만 아니라 하이브리드 자동차, 전기 자동차 등 미래 기술의 주 동력원으로 활용되고 있는데, 생산되는 코발트의 상당량이 이러한 리튬 이온 전지의 양극(+극)을 만드는 데 쓰인다.

자석 합금

자석은 니켈, 망가니즈 등 자기적 특성을 가진 원소와 철을 합금해 만든다. 코발트를 이용할 수도 있는데, 코발트 자체는 자성이 매우 약하지만 철과 합금하면 자성과 강도, 내구성이 매우 강해진다. 코발트로 만든 자석은 일반 자석보다 100배가량 강한 자성을 띤다.

<table>
<tr><td>발견자</td><td colspan="3">게오르크 브란트(Georg Brandt)</td><td>발견 연도</td><td>1739년</td></tr>
<tr><td>어원</td><td colspan="5">'요괴'를 뜻하는 독일어 'kobold'</td></tr>
<tr><td>특징</td><td colspan="5">안정한 은백색 금속으로, 물과 반응하지 않는다.</td></tr>
<tr><td>사용 분야</td><td colspan="5">초합금, 자석, 리튬 이온 전지, 염료, 색유리 등</td></tr>
<tr><td>원자량</td><td>58.933 g/mol</td><td>밀도</td><td>8.86 g/cm^3</td><td>원자 반지름</td><td>2.00 Å</td></tr>
</table>

45

로듐

Rh

대기 오염을 막다

9족 코발트족

2015년 독일의 자동차 회사 폴크스바겐에서 디젤 엔진 배기가스 배출량을 조작한 사실이 밝혀졌다. 이 '디젤게이트'로 국제 사회는 발칵 뒤집어졌고, 각국은 막대한 벌금을 부과하며 처벌에 나섰다.

배기가스는 지구 온난화, 환경오염 등의 문제를 일으키며 우리 삶에 직접적인 영향을 미치는 골칫거리다. 1963년 미국 캘리포니아 주에서 최초로 블로바이 가스를 규제한 이후 많은 나라가 관련법을 제정해 배기가스를 엄격하게 관리하고 있다. 우리나라도 1980년 8월 대기환경보전법을 제정해 실시하고 있다. 로듐(rhodium)은 이러한 배기가스 문제를 해결하는 중요한 원소다. 매장량은 적고 필요한 곳은 많아 값이 매우 비싸지만, 반드시 필요한 자원이다.

촉매 변환기

오늘날 자동차 배기가스는 '촉매 변환기'로 분해해 처리한다. 팔라듐, 백금, 로듐을 첨가한 알루미늄 합금으로 만든 이 기기는 배기가스 오염의 주요 원인인 질소

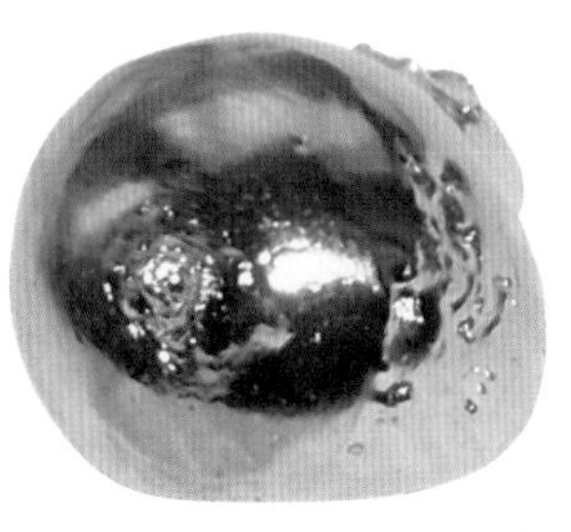

• 로듐.

산화물을 무해한 물질로 바꿔 준다. 유일한 단점은 팔라듐, 백금, 로듐 모두 매우 비싼 원소라서 제작비가 많이 든다는 것인데(모두 금보다 비싸다), 대체할 물질을 연구하고 있으나 아직 성과는 없다.

반짝반짝

로듐은 빛 반사율이 높아(빛의 80%를 반사한다) 광택을 띠는 금속 원소들 중에서도 특히 반짝인다. 그래서 보석 장신구나 액세서리를 도금하는 데 사용된다. 빛을 효율적으로 반사시켜야 하는 자동차 전조등, 거울, 고효율 반사판 등에도 쓰인다. 로듐보다 저렴하고 반사율도 높은 은을 사용할 수도 있지만, 은은 산소와 결합(산화)하거나 황과 결합(황화)하면 광택을 잃고 검게 변한다.

금속 촉매

로듐은 촉매로도 사용된다. 촉매 반응 같은 건 과학자들만의 이야기로 보이겠지만, 앞서 살펴본 촉매 변환기처럼 다양한 산업에 적용할 수 있는 실용적인 현상이다.

<table>
<tr><td>발견자</td><td colspan="3">윌리엄 하이드 울러스턴(William Hyde Wollaston)</td><td>발견 연도</td><td>1803년</td></tr>
<tr><td>어원</td><td colspan="5">'장미'를 뜻하는 그리스어 'rhodon'</td></tr>
<tr><td>특징</td><td colspan="5">반사율이 높고, 용액이 장밋빛을 띤다.</td></tr>
<tr><td>사용 분야</td><td colspan="5">촉매 변환기, 금속 도금, 전조등, 거울, 촉매 등</td></tr>
<tr><td>원자량</td><td>102.906 g/mol</td><td>밀도</td><td>12.4 g/cm^3</td><td>원자 반지름</td><td>2.10 Å</td></tr>
</table>

77

이리듐

Ir

운석 충돌설을 뒷받침하다

9족 코발트족

공룡의 멸종에 관한 수많은 학설이 있다. 그중 가장 일반적으로 받아들여지는 것은 운석 충돌설이며, 그 근거로 꼽히는 것이 바로 이리듐(iridium)이다. 이리듐은 지각에 존재하는 양이 매우 적은 희귀한 금속이지만 운석에는 지각의 5000배 이상 존재한다. 공룡 멸종 시기의 지층에서 이리듐이 대량 발견되면서 운석 충돌설에 힘이 실렸다.

내부식성 합금

이리듐은 내부식성이 뛰어나다. 공기, 물, 산, 염기를 비롯한 대부분의 물질에 반응하지 않는다. 그래서 이리듐 합금은 고도의 안정성이 필요한 분야에 사용된다. 주로 반도체 등의 전자 제품과 레이저 관련 고에너지 제품에 쓰인다. 전자 산업의 발달로 이리듐 수요가 늘어남에 따라 값이 계속 오르고 있지만 마땅한 대체 물질이 없는 상황이다.

국제 표준

안정성과 내부식성이 뛰어난 이리듐은 국제 표준 원기(原器) 제조에도 활용된다. 세슘이 시간 단위인 1초를 정의하는 데 쓰이듯, 이리

• 국제도량형위원회가 1m 표준으로 발표했던 백금과 이리듐 합금 막대.

듐은 질량 단위인 1kg를 정의하는 데 이용된다. 국제도량형위원회는 1901년 백금과 이리듐 합금으로 된 원기를 1kg 표준으로 발표했다. 1885년에는 백금과 이리듐 합금 막대를 길이 단위인 1m 표준으로 발표하기도 했는데, 온도에 반응해 값이 미세하게 변화한다는 사실이 밝혀져 1960년 크립톤-86의 스펙트럼 파장으로 바꾸었다.

이리듐 프로젝트

1991년 미국의 이동 통신 회사 모토로라는 인공위성 운영업체 이리듐사와 '이리듐 프로젝트'를 진행했다. 저궤도 통신위성 77대로 지구 어디서나 무선 통신을 이용할 수 있게 만드는 프로젝트로, 이리듐의 이름과 원자 번호를 따와 이름 지었다. 우여곡절 끝에 66개 위성을 띄워 완성된 이 프로젝트는 석유시추선, 군사 기기 등에 쓰이고 있다.

이처럼 원소 이름과 번호 그 자체도 다양하게 활용된다. 108개의 키를 사용하는 키보드에 '하슘'이라는 이름이 붙은 것도 그 예다.

발견자	스미슨 테넌트(Smithson Tennant)			발견 연도	1803년
어원	그리스 신화에 나오는 무지개의 여신 '아이리스(Iris)'				
특징	내부식성을 띠며, 밀도와 강도가 높다.				
사용 분야	표준 원기, 반도체, 발광다이오드, 촉매 등				
원자량	192.217 g/mol	밀도	22.5622 g/cm^3	원자 반지름	2.13 Å

109
마이트너륨
Mt

마이트너를 기리다

9족 코발트족

마이트너륨(meitnerium)은 독일 중이온가속기연구소에 의해 합성, 보고된 원소다. 독일의 화학자 오토 한과 함께 '핵분열(nuclear fission)'을 발견한 오스트리아의 물리학자 리제 마이트너를 기리는 뜻에서 이름 지어졌다. 물리적, 화학적 성질은 확실하게 밝혀진 것이 없다. 보륨, 하슘과 달리 화합물도 발견된 것이 전혀 없다.

• 리제 마이트너(왼쪽)와 오토 한(오른쪽).

발견자	페테르 아름브루스터(Peter Armbruster), 고트프리트 뮌첸베르크(Gottfried Münzenberg)				발견 연도 1982년
어원	오스트리아 물리학자 '리제 마이트너(Lise Meitner)'				
특징	방사성 붕괴 속도가 빠르다.				
사용 분야	없음				
원자량	278 g/mol	밀도	모름	원자 반지름	모름

악마의 구리

10족 니켈족

니켈(nickel)은 주석 채광을 방해한 텅스텐과, 은 채광을 방해한 코발트처럼 불순물로 취급되던 원소다. 니켈은 구리를 채굴할 때 비소 혼합물 형태로 가끔 섞여 나오는데, 홍비니켈석이라 불리는 이 광석은 구리처럼 붉은색을 띠기에 분류하기도 힘들고 용광로에서 독성 증기까지 뿜어내 사람들에게 해를 입혔다. 모든 게 악마의 소행이라고 생각해 니켈을 '악마의 구리(kupfernickel)'라고 불렀을 정도다. 화학 지식과 기술이 발달해 순수한 니켈을 제련할 수 있게 된 오늘날에는 일상에서 흔하게 접하는 친숙한 원소다.

팔방미인 합금 재료

니켈은 합금 형태로 다양하게 쓰인다. 양은 냄비를 만드는 양은(니켈, 구리, 아연) 합금, 녹슬지 않는 스테인리스강(니켈, 철, 크로뮴 등) 합금, 동전을 만드는 백동(니켈, 구리) 합금, 전열기를 만드

• 니켈과 비소의 혼합물인 홍비니켈석.

는 니크롬(니켈, 크로뮴) 합금, 보급형 자석의 주재료인 알니코(니켈, 알루미늄, 코발트) 합금 등 쓰임이 매우 다양하다. 철, 크로뮴, 구리만큼이나 흔히 볼 수 있다.

금속 알레르기

니켈은 사람에 따라 알레르기를 일으킬 수 있어 주의해야 한다. 액세서리를 착용한 자리에 알레르기 반응이 일어났다면 니켈 도금 때문일 확률이 크다.

발견자	악셀 프레드리크 크론스테트 (Axel Fredrik Cronstedt)				발견 연도 1751년
어원	'악마의 구리'라는 뜻의 독일어 'kupfernickel'				
특징	은백색 광택이 난다. 전연성이 뛰어나다.				
사용 분야	합금, 금속 도금, 동전 제조, 촉매 등				
원자량	58.693 g/mol	밀도	8.90 g/cm^3	원자 반지름	1.97 Å

백색금과 백금

10족 니켈족

영화 〈아이언 맨〉에는 주인공 토니 스타크의 가슴에 박힌 소형 원자로 '아크 리액터(arc reactor)'가 팔라듐(palladium)으로 만들어졌다는 내용이 나온다. 영화를 본 많은 사람이 팔라듐을 핵융합 촉매로 아는 이유다. 그렇다면 사실은 어떨까?

1989년 미국 유타 대학의 두 화학자가 상온 핵융합 실험에 성공했다고 발표한다. 1억℃ 이상의 뜨거운 온도가 필요한 핵융합을 실내 온도에서 해냈다는 것이다. 그들은 팔라듐을 전극으로 썼다고 했고, 학계에서는 격렬한 논쟁이 벌어졌다. 결국 이론적으로 불가능하다는 사실이 밝혀지면서 한 편의 소동으로 마무리됐다. 팔라듐 촉매를 이용한 핵융합은, 아직까지는 영화에서만 가능한 일이다.

팔라듐 촉매

촉매 반응은 팔라듐 연구와 활용의 핵심 분야다. 팔라듐 촉매는 백금, 로듐과 함께 배기가스 정화 장치인 촉매 변환기에 사용된다.

• 팔라듐.

미국의 유기화학자 리처드 헤크(Richard Heck)는 팔라듐 촉매로 웬만해서는 일어나지 않는 탄소-탄소 화학 반응을 일으켜 2010년 노벨 화학상을 타기도 했다. 수소 첨가, 석유 분해 등 수많은 화학 반응에 촉매로 사용된다.

귀금속 합금

팔라듐은 금, 은과 같은 귀금속과 합금해 의료 기기, 귀금속 장신구로 널리 쓰인다. 팔라듐과 금 합금을 '백색금(white gold)'이라고 하는데, 알레르기를 일으키지 않고 비교적 저렴하며 내마모성과 내부식성이 뛰어나 크라운(심하게 손상된 이를 덧씌우는 물질), 항암제, 장신구 등에 활용된다. 백색금은 백금과 완전히 다른 물질인데 눈으로는 구별하기가 어렵다. 그래서 백색금을 장신구 제작에 이용하기 시작했을 당시에는 백색금 장신구를 백금이라고 속여서 파는 경우도 있었다고 한다.

발견자	윌리엄 하이드 울러스턴 (William Hyde Wollaston)			발견 연도 1803년	
어원	소행성 '팔라스(Pallas)'에서 그리스 지혜의 여신 '팔라스(Pallas)'로 바뀜				
특징	수소 기체를 흡수하고, 안정성이 높다.				
사용 분야	촉매 변환기, 촉매, 치아 보철, 장신구 등				
원자량	106.42 g/mol	밀도	12 g/cm^3	원자 반지름	2.10 Å

78

백금

Pt

최초의 전이원소 항암제

10족 니켈족

백금(platinum)은 금보다 희귀하고, 안정하고, 단단하고, 비싸다. 백금족인 루테늄, 오스뮴, 이리듐, 팔라듐, 백금은 화학적 성질이 모두 비슷한데, 그중에서도 백금은 효용성이 가장 높아 연구, 산업, 생활 전반에 널리 사용된다. 백금 합금은 강도가 높고 내부식성이 뛰어나며 인체에 무해해 인공 심장 박동기, 치아 보철 등 의료 기기로 많이 쓰인다. 앞서 소개한 촉매 변환기의 핵심 요소이기도 하다.

촉매

다른 백금족 원소들처럼 백금도 촉매로 흔히 쓰인다. 전체 생산량의 30% 정도가 촉매로 사용될 정도다. 식물성 기름, 실리콘 수지(열경화성 합성 수지), 고분자 물질 합성 등 산업적으로 매우 중요한 분야에 이용된다. 탄소 연구가 주를 이루는 유기화학의 주요 연구 대상이기도 하다.

• 백금.

항암제

백금은 간단한 화합물 형태로 항암 효과를 내는 독특한 원소다. 1800년대 중반부터 연구된 백금 항암제는 1978년 미국 식품의약국의 허가를 받아 오늘날까지 널리 사용되고 있다. 시스플라틴, 카보플라틴(carboplatin), 옥살리플락틴(oxaliplatin) 등이 있다. 최근 개발된 약들보다 치료 효과가 떨어진다는 단점이 있지만 처음으로 전이원소 화합물을 이용해 치료제를 개발했다는 점에 의의가 있다.

발견자	모름	발견 연도	남아메리카에서 활용되다가 1750년 무렵 유럽으로 전달되었다.		
어원	'작은 은'을 뜻하는 스페인어 'platina'				
특징	매우 안정한 귀금속 원소다. 독성이 없다.				
사용 분야	합금, 촉매, 귀금속, 도금, 항암제, 의료 기기 등				
원자량	195.084 g/mol	밀도	21.5 g/cm^3	원자 반지름	2.13 Å

납과 니켈을 충돌시키다

10족 니켈족

다름슈타튬(darmstadtium)은 독일 중이온가속기연구소에서 납과 니켈 이온을 충돌시켜 만든 원소다. 중이온가속기연구소가 위치한 다름슈타트에서 이름을 따왔다. 물리적, 화학적 성질은 밝혀진 것이 없지만 팔라듐, 백금과 같은 귀금속 원소일 것으로 추측된다. 산업적으로 이용될 가능성이 크다.

발견자	지구르트 호프만(Sigurd Hofmann), 페터 아름브루스터(Peter Armbruster), 고트프리트 뮌첸베르크(Gottfried Münzenberg)			발견 연도	1994년
어원	다름슈타튬이 처음 발견된 독일의 도시 '다름슈타트(Darmstadt)'				
특징	방사성 붕괴 속도가 빠르다.				
사용 분야	없음				
원자량	281 g/mol	밀도	모름	원자 반지름	모름

29

구리

Cu

손 타는 곳에 구리가 있다

11족 구리족

대부분의 금속 원소는 광석을 제련해야 얻을 수 있지만 구리(copper)는 금속 상태로 출토되는 경우가 많다. 청동기 시대부터 현대까지 꾸준히 이용될 수 있었던 이유다. 합금, 전선 분야에서 대체 불가능한 역할을 하고 있다.

주화 금속

11족 구리족은 '주화 금속'이라고 불린다. 고대부터 주화를 만드는 데 주로 이용돼 붙은 별명이다. 제련하기가 쉽고 매장량이 많으며 광택이 있어 화폐로 사용하기 좋다. 우리나라 동전에도 알루미늄, 아연 등과 함께 많은 양의 구리가 들어 있다.

동전을 만드는 데 구리를 이용하는 이유는 또 있다. 항균성이 뛰어나기 때문이다. 그래서 계단, 복도, 문손잡이, 난간, 엘리베이터 버튼 등 사람 손이 많이 타는 물건을 만드는 데 쓰인다. 최근에는 구리 화합물로 만든 도료도 나왔다.

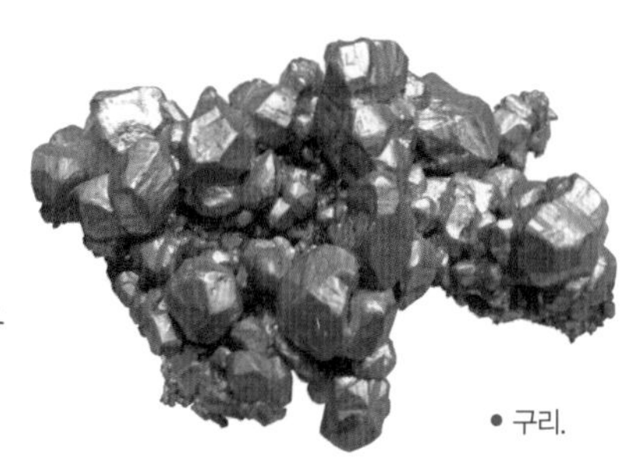

• 구리.

전선

뭐니 뭐니 해도 구리가 가장 많이 쓰이는 곳은 역시 전선이다. 출토, 재활용된 구리의 대부분이 전선 생산에 쓰인다. 구리는 전기 전도성이 뛰어나고 은, 알루미늄, 금 등 다른 전선용 금속 물질보다 저렴하다. 또 열을 잘 통과시키기 때문에 비교적 높은 전류의 전기가 흘러도 견딜 수 있다. 다만 교각, 강 등 지지대가 부족한 장거리에 설치할 때는 무게 때문에 알루미늄 전선을 이용한다.

발견자	모름		발견 연도	기원전	
어원	구리의 주 생산지였던 그리스의 '사이프러스(Cyprus) 섬'				
특징	금속 상태로 출토된다. 전기 전도성, 열 투과성, 항균성이 뛰어나다.				
사용 분야	동전, 합금, 전선, 송수관, 전자 회로, 악기 등				
원자량	63.546 g/mol	밀도	8.96 g/cm^3	원자 반지름	1.96 Å

47

은

Ag

귀족이 페스트에 덜 걸린 이유

11족 구리족

사극을 보면 음식에 은수저를 넣어 독이 들었는지 확인하는 장면이 종종 나온다. 과연 사실일까? 그렇다. 우리나라에서는 왕에게 수라상을 내기 전에 은수저로 독극물 검사를 했다. 그럼 오늘날에도 은(silver)을 이용해 독성 물질을 검출할 수 있을까? 주로 황화비소라는 비소 화합물을 독극물로 썼던 과거에는 황과 만나 검게 변하는 은의 성질이 유용했지만, 환경 호르몬, 발암 물질 등이 독으로 작용하는 오늘날에는 큰 의미가 없다. 오히려 은수저는 계란, 양파, 마늘 등 황이 많이 든 음식과 닿으면 변색되므로 실용성이 떨어진다.

• 순도 99.9% 은괴.

우수한 항균 금속

은은 구리보다 효과적으로 세균, 박테리아, 미생물 등을 박멸한다. 17세기 유럽에 치명적인 전염병 페스트가 퍼져 최소 2500만 명 이상이 사망했을 때 상류층의 피해가 비교적 적었던 것은 은 식기의 항균 효과 때문이라는 연구 결과도 있다. 오늘날 은은 나노입자 형태로 공기 정화, 물 정화, 섬유 항균 등에 이용된다. 항균 효과도 무시할 수 없을 만큼 뚜렷하게 나타나는데, 몸 안의 이로운 세포와 미생물까지 죽일 수 있으므로 남용하지 않는 것이 좋다. 오랫동안 은을 먹으면 색소 침착, 피부 질환 등 중독을 일으킨다는 연구 보고도 많다.

산업용 금속

은은 귀금속, 화폐보다 산업에 더 많이 쓰인다. 은 합금은 땜납, 악기를 비롯한 내마모성 합금 제조에 널리 사용되며, 전기전도도가 높아 집적 회로, 축전지 등에도 쓰인다. 은은 모든 금속 중 열전도도가 가장 높은 금속으로, 발열 현상이 생기는 기기의 열 발산을 돕는 물질인 서멀 그리스(Thermal grease)와 서멀 글루(Thermal glue)에 쓰인다.

발견자	모름		발견 연도	기원전 3000년 무렵	
어원	원소 이름: '은'을 뜻하는 앵글로색슨어 'siolfur' 원소 기호: '빛나는 흰색'을 뜻하는 그리스어 'argentum'				
특징	열전도도가 가장 높은 금속이다. 항균성이 있고, 전기전도도가 뛰어나다.				
사용 분야	귀금속, 합금, 나노 물질, 합금, 땜납, 악기 등				
원자량	107.868 g/mol	밀도	$10.5\ g/cm^3$	원자 반지름	2.11 Å

79
금
Au

인류와 금

11족 구리족

금(gold)은 인류 역사에서 가장 중요한 역할을 한 금속이다. 문화 발달을 이끈 장신구로서의 금속, 연금술의 목표물로서 화학의 진보를 이끈 금속, 대항해 시대와 식민지 시대를 연 금속, 아메리카 대륙을 발견하게 한 금속, 골드러시(gold rush)로 시대의 흐름을 바꾼 금속, 현대 전자 산업이 발전하는 데 큰 역할을 한 금속, 실물 자산으로서 최후의 보루가 되는 금속……. 금을 가리키는 표현은 끝이 없다. 금은 인류 역사에서 가장 많은 관심을 받았고, 받고 있는 원소다.

금 나노입자

금 나노입자는 오래전부터 다양한 분야에 쓰이고 있다. 금 나노입자를 활용한 최초의 사례는 고대의 색유리와 스테인드글라스다. 금은 덩어리(bulk) 상태로 있을 때 우리가 흔히 아는 금빛의 광택 있는 금속 재질을 띠지만 나노입자일 때는 크기와 모양에 따라 붉은색부터 보라색까지 다양한 색을 띤다. 고대 인류는 금의 이러한 특성을 이용해 색유리와 스테인드글라스를 만들었다.

금 나노입자는 촉매, 회로와 같은 산업 분야는 물론이고, 독성이 없

• 자연에서 얻은 금 덩어리. '괴금'이라고 한다.

고 생체 친화도가 높다는 특성 때문에 암 치료, 약물 전달, 질병 감지기, 임신 테스트기 등 의료 분야에도 쓰인다. 금 나노입자의 활용 범위는 계속 넓어지고 있으며, 영상 진단 조영제, 알츠하이머 치료에 이용할 방법도 연구되고 있다.

전자 회로의 핵심

금은 전기전도도가 가장 우수하고, 공기 중이나 물속에서 산화하지 않으며, 연성도 금속 원소들 중에서 가장 높다. 콩알만 한 금 덩어리로 방 하나를 덮어씌울 수 있을 정도다. 작고, 얇고, 가볍고, 전기적 특성도 좋아야 하는 전자 회로를 제작하는 데 금을 사용할 수밖에 없는 이유다. 전자 제품을 분해해 보면 회로 뒷면에 금으로 인쇄된 선이 보일 텐데 이 부분이 바로 전자 회로의 핵심이다.

금을 이용하는 분야가 워낙 많다 보니 버려진 전자 제품을 수거해 금, 은 등 귀금속을 뽑아내는 산업도 뜨고 있다. 전자 강국 일본은 폐품에서 금을 수거하는 사업을 적극적으로 벌여 왔고, 그 결과 현재 금 보유량이 금의 주 생산지인 남아프리카공화국의 금 매장량과 비슷할 정도가 됐다.

우리나라와 금

천연자원이 부족한 우리나라는 원재료를 수입, 가공한 뒤 수출하는 방식으로 살아남아 왔지만 텅스텐, 몰리브데넘, 금은 비교적 풍부하다. 심지어 신라 시대에는 금이 너무 많아 그 가치가 옥보다 낮았다는 이야기도 있다. 신라와 가야의 장신구가 거의 다 금으로 만들어진 이유다. 평안북도 운산군에는 일제 강점기 당시 아시아 최대 규모의 금 매장 광산이던 운산 광산도 있다. 한반도에서 금은 비교적 풍부한 금속에 속한다.

<table>
<tr><td>발견자</td><td colspan="2">모름</td><td colspan="2">발견 연도</td><td colspan="2">기원전 3000년 무렵</td></tr>
<tr><td>어원</td><td colspan="6">원소 이름: '노란색'을 뜻하는 앵글로색슨어 'geolo'
원소 기호: '빛나는 새벽'을 뜻하는 라틴어 'aurum'</td></tr>
<tr><td>특징</td><td colspan="6">전기전도성, 연성이 가장 뛰어나다.
안정성이 매우 높고, 생체에 적합하다.</td></tr>
<tr><td>사용 분야</td><td colspan="6">귀금속, 전자, 의료기, 감지기 등</td></tr>
<tr><td>원자량</td><td>196.967 g/mol</td><td>밀도</td><td colspan="2">19.3 g/cm^3</td><td>원자 반지름</td><td>2.14 Å</td></tr>
</table>

111

뢴트게늄

Rg

주화 금속의 마지막 원소

11족 구리족

• 빌헬름 콘라드 뢴트겐.

뢴트게늄(roentgenium)은 독일 중이온가속기연구소에서 발견했다. 엑스선을 발견해 최초의 노벨 물리학상을 수상한 빌헬름 콘라트 뢴트겐을 기리는 뜻에서 이름 지었다. 빠른 방사성 붕괴로 물리적, 화학적 성질은 알려진 것이 없다. 주화 금속의 마지막 원소로, 구리, 은, 금과 비슷한 특성을 보일 것이라 추측될 뿐이다.

발견자	페터 아름브루스터(Peter Armbruster), 고트프리트 뮌첸베르크(Gottfried Münzenberg)				발견 연도 1994년
어원	엑스선을 발견한 '빌헬름 콘라트 뢴트겐(Wilhelm Conrad Röntgen)'				
특징	방사성 붕괴 속도가 빠르다.				
사용 분야	없음				
원자량	280 g/mol	밀도	모름	원자 반지름	모름

카사노바와 생굴

12족 아연족

아연(zinc)은 우리 몸의 필수 원소다. 특히 정력에 탁월한 효과가 있다고 알려져 있는데, 바람둥이의 대명사가 된 이탈리아의 문학가 조반니 자코모 카사노바(Giovanni Giacomo Casanova)가 식사 때마다 즐겨 먹었다는 생굴에도 아연이 많이 들어 있어 더 유명해졌다. 오늘날에도 생굴은 많은 남성이 선호하는 음식으로 손꼽힌다.

생물학적 역할

아연은 우리 몸의 다양한 효소가 정상적으로 작동하는 데 반드시 필요한 원소로, 특히 전립선에 많다. 인슐린, 성장 호르몬, 성 호르몬 등의 효소 작용을 돕기 때문에 성 기능에 직접적으로 영향을 주며, 피부를 비롯한 신체 노화에 관여하는 항산화 효소의 필수 요소로서 미용에도 큰 역할을 한다. 그래서 아연이 풍부한 육류와 생굴을 일부러 많이 먹는 사람들도 있는데, 모든 원소가 그렇듯 과하면 부작용이 생긴

• 아연.

다. 아연이 부족하면 면역 기능 저하, 성장 지연 등의 증상이 나타나고, 너무 많으면 몸에 철, 동, 항생 물질 등이 흡수되는 것을 방해해 구역질, 어지럼증 등 중독 증상이 나타난다.

건전지의 음극

아연은 기원전부터 사용된 금속 원소로, 지금도 수많은 산업에 이용된다. 대표적인 것이 '함석'이라 불리는, 아연 도금된 철강 제품이다. 이는 내부식 효과가 뛰어나 비바람에 노출되기 쉬운 건물의 외장재나 물품 등에 흔히 사용된다. 구리를 첨가한 황동(brass) 등 다양한 합금이 있으며, 악기, 통신 기기, 동전 등을 만드는 데 활용된다.

아연의 가장 큰 활용 분야는 건전지다. 최초의 전지인 볼타 전지부터 수은 전지, 연료 전지, 알칼리 전지까지 수많은 건전지의 음극(-극)을 만드는 데 아연이 쓰인다. 아연 없이는 일상생활이 불가능하다.

발견자	모름		발견 연도	기원전 20년 무렵		
어원	'돌'을 뜻하는 페르시아어 'sing' ('나뭇가지'를 뜻하는 독일어 'zinke'라는 설도 있다.)					
특징	청백색 금속으로, 고온에서 전기전도성을 띤다.					
사용 분야	합금, 도금, 건전지, 생체 활동 등					
원자량	65.38 g/mol	밀도	7.134 g/cm^3	원자 반지름	2.01 Å	

48

카드뮴

Cd

1급 발암 물질

12족 아연족

1910년 무렵 일본 진즈가와 유역에서 발생한 이타이이타이병은 중금속 중독, 기업의 비양심, 환경오염, 원소에 대한 무지 때문에 일어난 대표적인 인재(人災)다. 당시 수많은 농가 주민이 원인 모를 고통을 호소하다 뼈가 굽고 부서져 죽어 갔는데, 고통이 심해 "이타이 이타이(いたい いたい, '아파, 아파'라는 뜻의 일본어)."밖에 할 수 없었다고 해서 이타이이타이병이라는 이름이 붙었다. 초기에는 정체불명의 풍토병이라 여겨졌으나 근처 금속 광업 공장에서 흘려보낸 폐수에 있던 카드뮴(cadmium) 때문이라는 사실이 나중에 밝혀진다.

카드뮴은 같은 족 원소인 아연과 성질이 비슷하다. 그리고 이 때문에 우리 몸 안에서 문제를 일으킨다. 효소를 제대로 작동하게 만드는 아연의 자리를 차지하고 효소의 활동을 방해하는 것이다. 카드뮴은 1급 발암 물질로 분류돼 국가적으로 엄격하게 관리되고 있다.

• 산화카드뮴.
카드뮴은 산화하면 황갈색을 띤다.

양자점

카드뮴은 인체에 매우 유해한 중금속이지만 첨단 산업에 널리 쓰인다. 황, 셀레늄, 텔루륨과 같은 16족 산소족 원소와 결합해 나노입자를 형성하며, 자외선을 쬐면 크기에 따라 다양하고 선명한 색이 나타난다. 이처럼 크기를 나노미터로 줄였을 때 전기적, 광학적 성질이 변하는 반도체 나노입자를 '양자점(quantum dot)'이라 한다. 양자점은 고해상도 디스플레이 제작에 활용되며, 독성 유출 방지 처리를 거쳐 바이오이미징(bioimaging, 생체 현상을 촬영해 영상화하는 기술), 바이오센서(biosensor, 생물학적 요소를 적용해 분석 물질의 유무를 탐지하는 기술) 등에 쓰인다.

도료

카드뮴이 가장 많이 쓰이는 것은 페인트, 물감 등의 도료다. 카드뮴과 산소족 화합물을 이용해 만든 도료는 코발트, 크로뮴 등의 화합물로 만든 도료보다 색이 선명하고 다양하며 변색이 되지 않는다. 물론 카드뮴으로 만든 도료 역시 몸에 들어가면 중독을 일으킬 수 있으므로 주의해야 한다.

<table>
<tr><td rowspan="2">발견자</td><td colspan="3" rowspan="2">프리드리히 슈트로마이어
(Friedrich Stromeyer)</td><td colspan="2">발견 연도</td></tr>
<tr><td colspan="2">1817년</td></tr>
<tr><td>어원</td><td colspan="5">탄산아연 광석 '칼라민(calamine)'을 뜻하는 라틴어 'cadmia'</td></tr>
<tr><td>특징</td><td colspan="5">1급 발암 물질이다. 무르고, 전기전도성이 뛰어나다.</td></tr>
<tr><td>사용 분야</td><td colspan="5">합금, 페인트, 물감, 양자점, 전지 등</td></tr>
<tr><td>원자량</td><td>112.414 g/mol</td><td>밀도</td><td>8.69 g/cm^3</td><td>원자 반지름</td><td>2.18 Å</td></tr>
</table>

80

수은

Hg

죽음을 부르는 불사약

12족 아연족

역사상 불로장생에 가장 집착한 인물은 바로 진시황일 것이다. 진시황은 기원전 221년 중국을 통일한 뒤 연단술을 이용해 불사약을 만들라고 지시했고, 그 과정에서 수은(mercury)을 얻었다. 수은은 상온에서 액체 상태로 존재하는 유일한 금속으로, '진사'라는 붉은색 황화수은(HgS) 광석을 불태워 얻는다. 붉은 돌에서 아름다운 은빛 액체를 얻는다는 게 당시 사람들의 눈에는 매혹적으로 보였을 테고, 진시황은 이러한 수은을 불사약이라 믿고 마셨다. 그리고 결국 수은 중독으로 사망했다.

• 수은은 상온에서 액체 상태로 존재하는 유일한 금속이다.

진시황의 무덤에는 수은이 흘렀을 것으로 추정되는 연못이 남아 있는데 그가 얼마나 수은에 집착했는지 짐작할 수 있다. 진시황이 죽은 뒤에도 수은은 오랫동안 불사약으로 여겨졌고, 수많은 황제가 수은 중독으로 죽었다.

수은 화장품

16세기 잉글랜드에서도 비슷한 일이 벌어졌다. 수은은 액체 상태의 금속이기에 피부로 빠르게 흡수되며, 혈관에 쌓여 혈액 공급을 방해하고 피부를 경직시킨다. 이때 일시적으로 주름이 펴지고 창백해지는데, 이러한 현상을 젊어지는 것으로 착각해 많은 사람이 수은을 차에 타서 마시고 몸에 발랐다. 대영제국의 기틀을 세운 엘리자베스 1세 여왕 역시 하얀 피부를 위해 수은과 납으로 만든 화장품을 일상적으로 얼굴에 발랐고, 이로 인한 중독 증상에 시달렸다.

수은의 산업적 이용

수은은 생물학적인 위험성에도 불구하고 다양한 산업에 이용된다. 과거에는 수은 온도계, 치아 치료용 아말감(수은 합금), 매독 치료제, 전지 등에 많이 쓰였는데, 오늘날에는 독성 때문에 다른 원소로 대체됐다. 노출이 비교적 덜한 수은 전등, 귀금속 추출 등 몇몇 분야에서는 여전히 유용하게 활용된다.

발견자	모름		발견 연도	기원전 1500년 무렵		
어원	원소 이름: '빠르게 흐르는 은'이라는 뜻에서 공전 속도가 가장 빠른 태양계의 행성 '수성(Mercury)' 원소 기호: '액체 은'을 뜻하는 라틴어 'hydrargyrum'					
특징	상온에서 액체로 존재하는 유일한 금속이다. 생물에 농축되며, 중독을 일으킨다.					
사용 분야	수은 전등, 귀금속 추출, 펌프, 기압계, 온도계 등					
원자량	200.592 g/mol	밀도	13.5336 g/cm³	원자 반지름	2.23 Å	

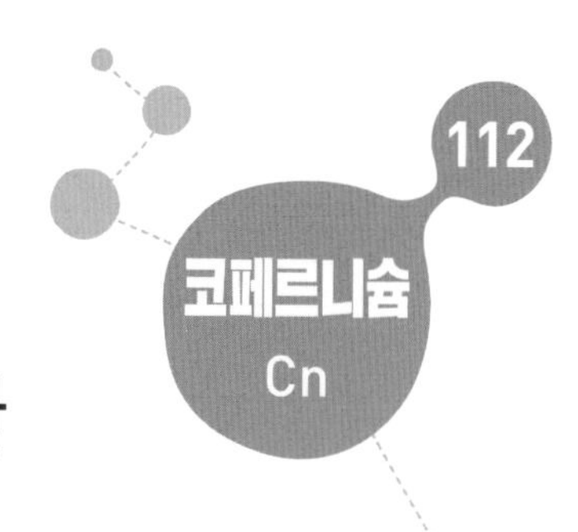

휘발성 강한 기체 금속

12족 아연족

• 니콜라우스 코페르니쿠스.

코페르니슘(copernicium)은 독일 중이온가속기 연구소에서 1996년 발견한 인공 원소다. 지동설을 주장한 폴란드의 천문학자 니콜라우스 코페르니쿠스를 기리는 뜻에서 이름 지어졌다. 그나마 코페르니슘은 2007년 두 개의 원자를 분석해 정보를 조금 얻어 냈다. 휘발성이 매우 강하고 상온에서 기체 상태로 존재하는 금속 원소일 것이라 추측된다.

발견자	지구르트 호프만(Sigurd Hofmann)		발견 연도	1996년		
어원	지동설을 주장한 폴란드의 천문학자 '니콜라우스 코페르니쿠스(Nicolaus Copernicus)'					
특징	방사성 붕괴 속도가 빠르다. 상온에서 기체 상태일 것으로 추측된다.					
사용 분야	없음					
원자량	285 g/mol	밀도	23.7 g/cm³ 추정	원자 반지름	모름	

3장

란타넘족과 악티늄족

Lanthanoid & Actinoid

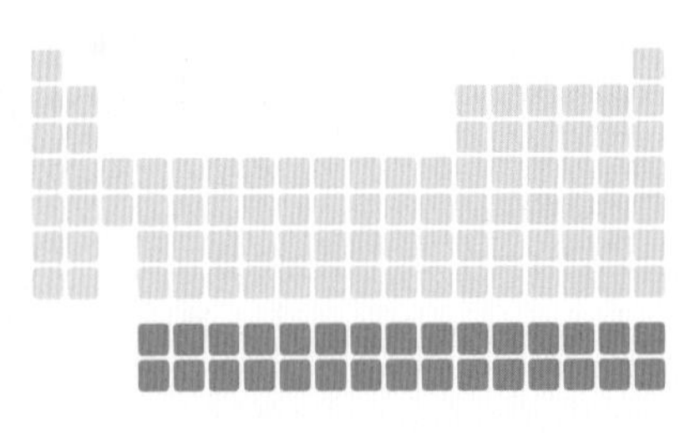

주기율표 형식에 따라 다르지만, 대부분의 주기율표에는 3족 스칸듐과 이트륨 아래 칸이 비어 있거나 다른 색 또는 기호로 구분돼 있다. 이 두 개의 칸에는 각각 15개의 원소가 들어가는데 그 자리에 다 넣으면 주기율표가 가로로 길어져 불편하기 때문에 맨 아래 나열한다. 이렇게 따로 들어가는 두 줄의 원소가 란타넘족(lanthanoid)과 악티늄족(actinoid)이다.

란타넘족 원소

란타넘족은 란타넘(La)으로 시작되는 원소들의 집단이다. 란타넘족은 지각에 존재하는 양이 매우 적거나 특정 지역에만 한정되어 있다 보니 구하기가 어려워 희토류 원소라고도 불리지만 사실 은(Ag), 금(Au)과 같은 귀금속보다 많은 양이 존재한다. 다만 귀금속 원소들은 오래전부터 채광됐기에 많은 양이 확보돼 있지만 희토류 원소들은 발견 시기가 늦고 다른 광석이나 물질로부터 분리해야 해서 얻는 데 시간이 걸린다. 희토류는 첨단 과학 분야에 주로 쓰이는 만큼 기술이 발달하면 할수록 수요가 늘 수밖에 없는데, 원소를 확보하는 속도가 수요량을 따라가지 못해 자주 문제가 된다.

란타넘족 원소는 모두 스웨덴 이테르비 지방에 있던 미지의 검은 광석에서 발견되었다. 서로 비슷하면서도 독특한 성질을 띠며, 다양한 산업에 이용되고 있다.

악티늄족 원소

존재가 밝혀진 원소들 중 비교적 높은 원자 번호를 가진 원소들이다. 모두 방사성 붕괴를 하여 알파 입자나 중성자를 사방으로 방출하기 때문에 인체에 해로울 가능성이 높다. 태양계가 만들어질 당시에는 지구에 존재했으나 방사성 붕괴 속도가 워낙 빨라 지금은 자연 상태에서 관찰할 수 없는 원소도 많다. 그래서 실생활에 쓰이는 악티늄족 원소는 매우 적다.

57

란타넘

La

라이터의 불꽃

란타넘족

란타넘(lanthanum)은 이트륨과 마찬가지로 스웨덴 이테르비 지방에서 주운 검은색 미지의 광석에서 발견되었다. 광석에서 분리, 검출하기까지 많은 시간과 노력이 들었다.

란타넘은 존재량이 적고 반응성이 비교적 높아 그 자체로 사용되는 경우는 거의 없고, 합금 형태로 많이 쓰인다. 대표적인 예가 발화 합금과 수소 저장 합금이다. 발화 합금은 라이터에서 불꽃을 내는 부분을 만드는 데 쓰이고, 자기 부피의 400배 이상의 수소를 저장하는 수소 저장 합금은 수소 연료 전지에 이용된다.

• 란타넘.

발견자	칼 구스타브 모산더(Carl Gustav Mosander)			발견 연도	1839년
어원	'숨어 있다'는 뜻의 그리스어 'lanthanein'				
특징	은백색의 무른 금속이다. 독성이 없다.				
사용 분야	수소 연료 전지, 발화 합금, 의약품 등				
원자량	138.905 g/mol	밀도	6.15 g/cm^3	원자 반지름	2.43 Å

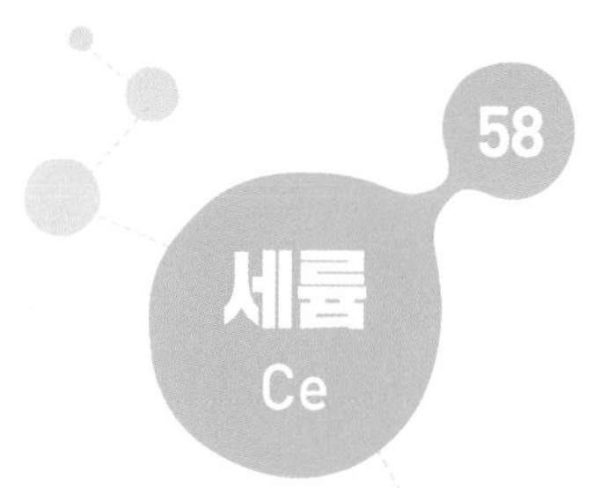

그나마 많은 희토류

란타넘족

세륨(cerium)은 희토류 원소들 중 지각에 존재하는 양이 그나마 가장 많은 원소다. 값이 비교적 저렴해 생활필수품을 제작하는 데도 이용된다. 특히 인체에 유해한 자외선을 흡수하는 성질이 있어 선글라스, 자동차 유리, 유리창 등 빛에 노출되는 물건들의 재료로 쓰인다.

세륨은 무른 금속인 데다 쉽게 산화하기 때문에 촉매와 첨가물 형태로 활용된다. 세륨 촉매는 배기가스를 비롯한 오염 물질을 분해하는 데 유용하고, 세륨 산화물은 항균 효과가 있어 보건 위생 분야에 널리 이용된다.

• 세륨.

<table>
<tr><td rowspan="2">발견자</td><td colspan="4" rowspan="2">옌스 야코브 베르셀리우스(Jöns Jacob Berzelius),
빌헬름 히싱어(Wilhelm Hisinger)</td><td>발견 연도</td></tr>
<tr><td>1803년</td></tr>
<tr><td>어원</td><td colspan="5">로마 신화에서 농경의 신이자 당시 발견된 소행성의 이름 '세레스(Ceres)'</td></tr>
<tr><td>특징</td><td colspan="5">은회색의 무른 금속이다.</td></tr>
<tr><td>사용 분야</td><td colspan="5">선글라스, 보호 유리, 촉매, 염료, 도자기 등</td></tr>
<tr><td>원자량</td><td>140.116 g/mol</td><td>밀도</td><td>6.77 g/cm³</td><td>원자 반지름</td><td>2.42 Å</td></tr>
</table>

59

프라세오디뮴

Pr

눈을 보호하다

란타넘족

이산화타이타늄(TiO_2)은 독성이 없고 광촉매 효과가 뛰어나 자외선 차단제, 치아 미백 물질 등으로 사용된다. 하지만 자외선을 쪼였을 때만 효과가 나타난다는 단점이 있다.

과학자들은 인체에 해를 입힐 수도 있고 눈에 보이지 않아 다루기도 불편한 자외선 대신 가시광선(visible light)으로 같은 효과를 낼 원소를 찾았다. 바로 프라세오디뮴(praseodymium)이다. 이 원소는 가시광선에서도 빛을 받아들여 화학 반응을 촉진시킨다.

노란색 착색제

시력 교정용 안경, 빛을 차단하는 선글라스, 보호 장비 등 안경의 종류는 다양하다. 안경의 기능은 유리 색에 따라 달라지기도 하는데, 연두색 산화물로 존재하는 프라세오디뮴은 노란색과 녹색의 유리 제품을 생산하는 데 주로 사용된다(우리 눈에 색이 보인다는 것은 특정한 파장의 가시광선을 흡수하고 있다는 뜻이

• 프라세오디뮴.

다). 노란색 유리는 시신경을 자극하는 푸른빛을 흡수하는 특성이 있어 레이저 작업을 하거나 용접할 때 눈을 보호하는 보호용 안경으로 널리 쓰인다.

발견자	카를 아우어 폰 벨스바흐 (Carl Auer von Welsbach)			발견 연도	1885년
어원	'녹색 쌍둥이'를 뜻하는 그리스어 'prasios didymos'				
특징	은백색의 무른 금속이다. 녹색 산화물로 존재하며 독성이 없다.				
사용 분야	강화 합금, 노란색 유리·세라믹 착색제, 광촉매 등				
원자량	140.908 g/mol	밀도	6.77 g/cm^3	원자 반지름	2.40 Å

세상에서 가장 강한 자석

란타넘족

세상에서 자성이 가장 강한 자석은 네오디뮴(neodymium) 자석이다. 네오디뮴, 붕소, 철로 만들며, 네오디뮴 첨가물이 철 원자의 불안정한 배열을 안정화해 자성을 최고치로 끌어올린다. 네오디뮴 자석끼리 붙으면 손힘만으로는 떼지 못하며, 네오디뮴 자석 사이에 피부나 손가락이 끼면 피부가 찢어지거나 뼈가 부러질 위험이 있다. 호주와 미국에서는 네오디뮴 자석으로 만든 장난감을 삼킨 아이들이 사망한 사고도 보고되었다. 네오디뮴 자석끼리 뱃속에서 붙고 뭉치며 내장기관을 찢어 사망에 이르게 한 것이다. 이처럼 네오디뮴 자석은 자력이 상상 이상으로 강해 주의해서 다뤄야 한다는 단점이 있지만, 강한 자력이 필요한 곳에는 유용하게 사용된다.

• 네오디뮴 자석.

엔디-야그 레이저

네오디뮴은 야그 레이저의 핵심 요소다. 그래서 야그 레이저를 엔디-야그 레이저(Nd-YAG laser)라 부르기도 한다. 야그 레이저는 고도의 정밀함을 요구하는 레이저 수술, 용접, 가공 등에 이용된다.

네오디뮴 첨가제

네오디뮴은 세륨, 프라세오디뮴과 마찬가지로 유리와 세라믹 제품에 첨가제로 사용되며, 보라색 유리를 만들어 낸다. 네오디뮴을 이용한 광촉매 제조, 발광 물질 합성을 위한 연구도 진행되고 있다.

<table>
<tr><td rowspan="2">발견자</td><td colspan="4" rowspan="2">카를 아우어 폰 벨스바흐
(Carl Auer von Welsbach)</td><td>발견 연도</td></tr>
<tr><td>1885년</td></tr>
<tr><td>어원</td><td colspan="5">'새로운 쌍둥이'라는 뜻의 그리스어 'neos didymos'</td></tr>
<tr><td>특징</td><td colspan="5">은백색의 금속으로, 란타넘과 성질이 매우 비슷하다.</td></tr>
<tr><td>사용 분야</td><td colspan="5">네오디뮴 자석, 엔디-야그 레이저, 착색제, 광촉매 등</td></tr>
<tr><td>원자량</td><td>144.242 g/mol</td><td>밀도</td><td>7.01 g/cm^3</td><td>원자 반지름</td><td>2.39 Å</td></tr>
</table>

61

프로메튬

Pm

존재량이 1kg도 안 되는 원소

란타넘족

불의 발견은 인류 역사의 가장 큰 혁신으로 손꼽힌다. 문명은 불을 발견하면서 시작되었다고 해도 지나친 말이 아니다. 그런데 제2의 불이라 일컬어지는 현상이 있으니, 바로 우라늄의 핵분열이다. 불의 발견만큼이나 혁신적인 사건인 것이다. 원자력 발전은 환경오염, 피폭 등의 위험성 때문에 부정적으로 받아들여지는 경우가 많지만 에너지 발전 기술의 측면에서는 안전성이 검증되었다. 물론 천재지변에 의한 사고와 관리 소홀로 인한 인재에 대비하는 안전장치는 철저하게 갖춰야 한다.

프로메튬(promethium)은 핵폐기물에서 발견된 원소다. 제2의 불에서 얻은 원소라는 뜻에서 이름을 '프로메테우스(Prometheus)'에서 따왔다. 프로메테우스는 그리스 신화에 나오는 거인으로, 신만이 다룰 수 있는 불을 훔쳐 인간에게 선물한 죄로 영원히 고통받는다.

사용 분야 없음

프로메튬은 희토류 원소들 중 유일하게 방사성 붕괴하는 원소다. 과거에는 청록색 빛을 내는 발광 페인트를 만드는 데 사용되었지만 방사성 붕괴 때문에 사용 가능 기한을 정해 놓고 썼다. 그나마도 오늘날에는 사용하지 않는다. 우주에서 쓰는 방사성 원자력 전지로도 연구 개발되었지만 오늘날에는 폴로늄, 플루토늄으로 대체되었다. 그래서 사실상 사용되는 분야가 없다. 지각에 1kg도 존재하지 않는 매우 희귀한 원소인 데다 핵폐기물로 만들어 내려면 비용이 많이 들기 때문에 앞으로도 쓰임새가 개발될 일은 거의 없을 것이다.

<table>
<tr><td rowspan="2">발견자</td><td colspan="4" rowspan="2">제이컵 아키바 마린스키(Jacob Akiba Marinsky),
로런스 엘긴 글레데닌(Lawrence Elgin Glendenin),
찰스 두보이스 코옐(Charles DuBois Coryell)</td><td>발견 연도</td></tr>
<tr><td>1945년</td></tr>
<tr><td>어원</td><td colspan="5">그리스 신화에서 신들의 불을 훔쳐 인간에게 준 거인
'프로메테우스(Prometheus)'</td></tr>
<tr><td>특징</td><td colspan="5">방사성 붕괴를 한다. 지각에 매우 적은 양이 존재한다.</td></tr>
<tr><td>사용 분야</td><td colspan="5">없음</td></tr>
<tr><td>원자량</td><td>145 g/mol</td><td>밀도</td><td>7.26 g/cm^3</td><td>원자 반지름</td><td>2.38 Å</td></tr>
</table>

중성자를 흡수하다

란타넘족

원소 이름은 대부분 그 원소가 발견된 광물, 지역, 관련 신화, 발견 당시의 천문학 쟁점, 원소의 색이나 촉감 등을 근거로 지어진다. 그런데 62번 원소는 최초로 광석 발견자의 이름을 따서 지었다. 발견자가 권력을 가진 장군이었기에 가능한 일이었다.

이 원소는 러시아 공병대 장군 바실리 사마스키 비코베츠가 발견한 광석 사마스카이트에서 검출되어 사마륨(samarium)이라 이름 지어졌다. 학계가 경제, 사회, 정치와 얼마나 밀접한 관계를 형성하고 있는지 보여 주는 또 하나의 예다.

중성자 제어봉

원자력 발전은 원자로에서 원자핵이 중성자를 흡수해 핵분열을 일으키는 동시에 새로운 중성자를 방출하고 다시 그 중성자를 흡수해 핵분열을 일으키는 방식으로 이루어진다. 그런데 연쇄 반응이 계속되면 원자로의 온도가 빠르게 오르거나 핵분열 현상이 과도하게 일어나 폭발할 위험이 있다. 그래서 만든 안전장치가 중성자 제어봉이다. 중성자 제어봉은 핵분열 과정에서 만들어지는 중성자를 흡수해 핵분열을 통제할 수 있게 도와준다. 사마륨은 이러한 중성자 제어봉을 만드는 데 쓰인다.

• 사마스카이트.

광학적 이용

사마륨은 자외선과 적외선을 모두 흡수해 차단하는 광학적 특성이 있어서 광학 유리를 만드는 데도 널리 쓰인다. 촬영장에서 쓰는 탄소 아크 조명에도 이용되며, 염화칼슘 결정에 첨가해 레이저를 만들기도 한다.

<table>
<tr><td rowspan="2">발견자</td><td colspan="4" rowspan="2">폴 에밀 르코크 드 부아보드랑
(Paul Émile Lecoq de Boisbaudran)</td><td>발견 연도</td></tr>
<tr><td>1879년</td></tr>
<tr><td>어원</td><td colspan="5">사마스카이트를 발견한
'바실리 사마스키 비코베츠(Vasili Samarsky–Bykhovets)'</td></tr>
<tr><td>특징</td><td colspan="5">은백색의 금속으로 독성이 없다. 적외선과 자외선을 흡수한다.</td></tr>
<tr><td>사용 분야</td><td colspan="5">중성자 제어봉, 조명, 광학 레이저, 광학 유리 등</td></tr>
<tr><td>원자량</td><td>150.36 g/mol</td><td>밀도</td><td>7.52 g/cm^3</td><td>원자 반지름</td><td>2.36 Å</td></tr>
</table>

63

유로퓸

Eu

달에는 많지만 지구에는 적은

란타넘족

118개 원소 중 대륙의 이름을 딴 원소는 단 두 개다. 하나는 아메리카에서 이름을 딴 아메리슘이고, 또 하나는 지금부터 살펴볼 유로퓸(europium)이다. 유럽(Europe)에서 이름을 딴 유로퓸은 희토류 중에서도 지각에 존재하는 양이 매우 적고, 비싸다. 지구와 달리 달 표면에는 많은 양의 유로퓸이 존재한다고 한다.

형광 물질

• 산화물로 덮여 있는 유로퓸.

다양한 기능을 하는 유로퓸의 가장 큰 특징은 형광을 띤다는 것이다. 그래서 LCD 텔레비전의 후면 램프, 삼파장 형광등, 형광 유리 등의 산업에 이용된다. 유로퓸에 자외선을 쪼이면 붉은색 형광이 강하게 나타나는데, 학계에서는 이 같은 특징을 이용해 산화유로퓸 나노입자를 바이오이미징에 활용하는 방법도 연구 중이다. 또 유로퓸의 형광은 유로화를 만드는 데도 쓰인다. 지폐에 자외선을 쪼이면 유로퓸 형광 물질로 그린 그림이 붉게 나타난다. 위조지폐를 구별하는 방법 중 하나다.

유로퓸에 다른 원소를 첨가하면 색도 조절할 수 있다. 붉은색뿐만 아니라 노란색, 파란색 등 다양한 색을 만들 수 있기 때문에 여러 색이 필요한 장치에도 활용할 수 있다. 다만 좀 더 저렴한 값으로 선명한 색을 나타내는 양자점 텔레비전 기술이 발달하면서 영향력은 예전보다 약해진 상황이다.

발견자	외젠아나톨 드마르세이 (Eugène-Anatole Demarçay)				발견 연도 1901년
어원	'유럽(Europe)'				
특징	은백색의 금속으로, 산화력이 강하고 물과 반응한다.				
사용 분야	형광 유리, 삼파장 형광등, 바이오이미징 등				
원자량	151.964 g/mol	밀도	5.24 g/cm^3	원자 반지름	2.35 Å

희토류 원소의 대표

란타넘족

가돌리늄(gadolinium)은 희토류 원소들의 모든 특징을 다 가진 원소다. 자성과 열중성자 흡수력이 뛰어나 중성자 제어봉의 재료로 쓰이며, 텔레비전, 전자레인지 등의 가전제품에도 핵심 원소로 사용된다. 내부식성을 높이기 때문에 합금, 자석 등의 첨가제로도 활용된다.

자기공명영상 조영제

자기공명영상은 뇌, 혈관, 장기 등 내부 기관을 진단하는 기술이다. 자기공명영상도 엑스선과 마찬가지로 더욱 선명하고 정확한 영상을 얻기 위해 조영제를 이용하는데, 조영제의 주재료로 쓰이는 원소가 가돌리늄이다. 가돌리늄으로 만든 조영제는 엑스선 촬영, 골밀도 측정 등에도 사용된다. 단 통제되지 않은 상태로 몸 안에 들어오면 강한 독성을 나타내기 때문에 주의해야 한다. 이 문제는 연구를 통해 개선되고 있다.

• 가돌리늄.

네오디뮴 자석

가돌리늄은 세상에서 가장 강한 자석인 네오디뮴 자석을 만드는 데도 사용된다. 네오디뮴 자석의 단점은 부식이 잘 된다는 것인데, 약간의 가돌리늄을 첨가하면 부식성이 대부분 제거된다.

첨단 의약 연구

가돌리늄은 유로퓸과 마찬가지로 산화물 형태에서 강한 형광을 띤다. 학계에서는 가돌리늄의 조영 효과와 형광 효과를 융합한 생체 질병 영상 진단 시스템을 연구 중이며, 질병 세포만 찾아 치료하는 첨단 나노 의약 연구도 진행하고 있다.

<table>
<tr><td rowspan="2">발견자</td><td colspan="4" rowspan="2">장 샤를 갈리사르 드 마리냐크
(Jean Charles Galissard de Marignac)</td><td>발견 연도</td></tr>
<tr><td>1880년</td></tr>
<tr><td>어원</td><td colspan="5">희토류 원소를 처음 발견한 과학자 '요한 가돌린(Johan Gadolin)'</td></tr>
<tr><td>특징</td><td colspan="5">은백색의 고체로, 자기적 특성이 뛰어나다.
연성, 내부식성이 높고, 중성자를 흡수한다. 형광을 띠며, 독성이 있다.</td></tr>
<tr><td>사용 분야</td><td colspan="5">자기공명영상 조영제, 합금, 가전제품 등</td></tr>
<tr><td>원자량</td><td>157.25 g/mol</td><td>밀도</td><td>7.90 g/cm³</td><td>원자 반지름</td><td>2.34 Å</td></tr>
</table>

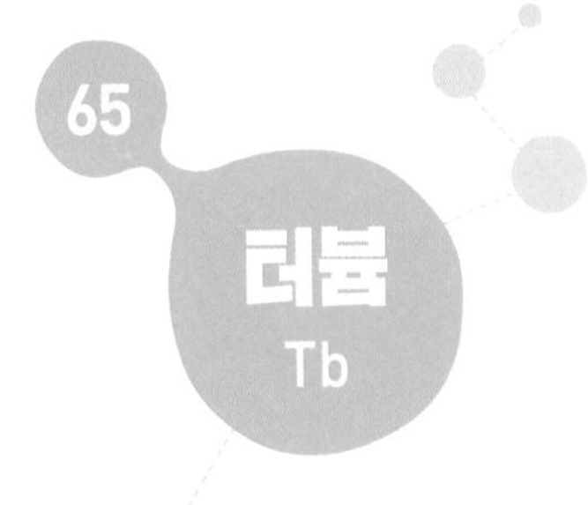

디스크를 굽다

란타넘족

터븀(terbium)은 존재량도 적고 값도 비싸 매우 제한적으로 활용되는 원소다. 광디스크의 자성막과 자기 변형 합금으로 주로 쓰인다.

광디스크

오늘날 우리는 CD, DVD, 블루레이 등 다양한 광디스크를 사용하고 있다. 초기에 나온 광디스크는 정보를 한번 기록하면 수정할 수 없었는데, 이후 레이저 기술이 발달하면서 정보를 마음대로 담고 지우고 덮어쓸 수 있는 광디스크가 개발돼 지금까지도 널리 쓰이고 있다. 광디스크는 터븀, 철, 코발트 합금 자성막으로 만들어지며, 디스크 표면에 레이저 광선을 쏴서 태운 부분과 태우지 않은 부분으로 나눠 정보를 기록한다. 여기에서 '디스크를 굽는다'는 표현이 나왔다.

자기 변형 합금

• 터븀.

터븀, 디스프로슘, 철을 합금하면 '자기 변형(magnetostriction) 합금'이 탄생한다. 이는 자기장의 세기에 따

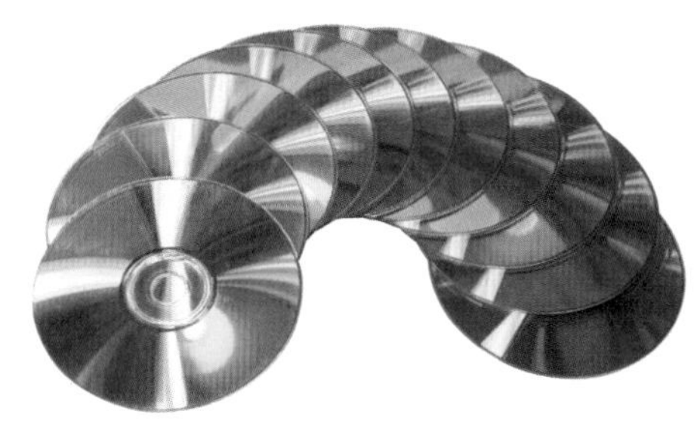

• 터븀 합금은 광디스크의 자성막으로 쓰인다.

라 늘어나고 줄어드는 신기한 특성을 띤다. 잉크젯 프린터, 평면 스피커 등을 만드는 데 사용된다.

발견자	칼 구스타브 모산더 (Carl Gustav Mosander)			발견 연도	
				1843년	
어원	스웨덴의 '이테르비(Ytterby)'				
특징	연성과 전성이 뛰어난 은백색 금속이다.				
사용 분야	광디스크, 자기 변형 합금 등				
원자량	158.925 g/mol	밀도	8.23 g/cm^3	원자 반지름	2.33 Å

예나 지금이나 얻기 힘든 원소

란타넘족

디스프로슘(dysprosium)은 이름처럼 매우 '힘들게 얻은' 원소다. 1886년 발견됐지만 1900년대 중반에야 제대로 생산되기 시작했는데, 매장량이 적고 생산 과정이 까다로워 여전히 얻기 힘들다.

오늘날에는 네오디뮴 자석을 만들 때 디스프로슘을 반드시 첨가한다. 내열성을 강화해 고온에서도 자력을 유지하기 때문이다. 환경을 오염시키는 연소물을 사용하지 않고도 에너지를 낼 수 있는 이 자석은 풍력 발전기, 하이브리드 자동차 제조에도 쓰인다.

• 디스프로슘.

발견자	폴 에밀 르코크 드 부아보드랑 (Paul Émile Lecoq de Boisbaudran)			발견 연도	
				1886년	
어원	'얻기 힘들다'라는 뜻의 그리스어 'dysprositos'				
특징	자기화율이 높고 내열성이 뛰어나다. 지각에 적은 양이 존재한다.				
사용 분야	네오디뮴 자석, 전자 재료, 자기 변형 합금 등				
원자량	162.500 g/mol	밀도	8.55 g/cm^3	원자 반지름	2.31 Å

67

홀뮴

Ho

자르면서 지혈하는 칼

란타넘족

홀뮴(holmium)은 존재량이 적고 값이 비싸 널리 활용되지는 않지만 의료용 레이저 장비를 만드는 데 쓰이는 매우 중요한 원소다. 홀뮴을 이용한 레이저 메스(mes)는 절개력이 우수할 뿐만 아니라 절개하는 동시에 주변 세포를 살짝 태워 출혈을 최소화한다. 게다가 발열 현상이 일어나지 않기 때문에 수술 부위 외의 다른 조직이 열 때문에 괴사하거나 변형되는 문제를 줄인다. 홀뮴은 자석, 중성자 제어봉 제작에도 쓰이지만 의료용 레이저에 주로 활용된다.

• 홀뮴.

발견자	페르 테오도르 클레베(Per Teodor Cleve), 마크 드라폰테인(Marc Delafontaine), 자크루이 소레(Jacques-Louis Soret)				발견 연도 1878년
어원	스톡홀름의 라틴어 이름 'Holmia'				
특징	자기장에 반응하는 힘인 자기모멘트(magnetic moment)가 가장 강하다.				
사용 분야	의료용 레이저, 자석, 중성자 제어봉 등				
원자량	164.930 g/mol	밀도	8.80 g/cm^3	원자 반지름	2.30 Å

빠른 인터넷의 시작

란타넘족

오늘날 우리는 인터넷(internet)이라 부르는 상호간 정보 통신망에서 살아가고 있다. 개발 초기에는 통신 속도가 느렸지만, 이제는 '광통신(optical communication)'이 보급되어 수많은 정보를 빠르게 주고받는다. 광통신은 광섬유로 빛을 전달해 정보를 주고받는 기술이다. 초기 광통신은 기지국에서 멀어지면 통신 속도가 느려졌는데, 어븀(erbium, '에르븀'도 허용한다)을 활용한 '어븀 첨가 광섬유 증폭기(EDFA)'가 개발돼 문제가 해결됐다. 빛을 강하게 보내 정보를 멀리까지 전달할 수 있게 된 것이다. 어븀은 다른 희토류 원소들처럼 광학적 특성이 강하다.

• 어븀.

발견자	칼 구스타브 모산더(Carl Gustav Mosander)			발견 연도	1843년
어원	스웨덴의 '이테르비(Ytterby)'				
특징	은백색의 금속으로, 존재량이 많고 저렴하다.				
사용 분야	광통신, 레이저 등				
원자량	167.259 g/mol	밀도	$9.07\ g/cm^3$	원자 반지름	2.29 Å

69

툴륨

Tm

잡티를 제거하는 미용 레이저

란타넘족

툴륨(thulium)은 광학, 형광, 통신 등 첨단 기술에 주로 쓰이는 희토류다.

레이저는 빛의 파장을 이용하는 기술로, 살균력이 있고 강한 에너지를 내는 자외선 레이저, 색을 다양하게 표현하고 보통 수준의 에너지를 내는 가시광선 레이저, 빛을 멀리 보내고 적은 에너지를 내는 적외선 레이저로 나뉜다. 의료용으로는 피부 깊이 침투하면서도 상처를 최소화하는 적외선 레이저가 주로 사용되는데, 이때 툴륨이 쓰인다. 특히 피부 잡티나 흉터를 제거하는 미용 레이저에 흔히 쓰인다.

• 툴륨.

발견자	페르 테오도르 클레베(Per Teodor Cleve)			발견 연도	1879년
어원	'세상의 북쪽'이라는 뜻의 스칸디나비아 고대 이름 'Thule'				
특징	은회색의 금속으로, 존재량이 적고 비싸다.				
사용 분야	미용 레이저, 진단 생체 영상, 엑스선 검출기 등				
원자량	168.934 g/mol	밀도	9.32 g/cm^3	원자 반지름	2.27 Å

70

이터븀

Yb

지진을 감지하다

란타넘족

이트륨, 터븀, 어븀과 더불어 70번 원소 이터븀(ytterbium)도 스웨덴의 '이테르비'에서 이름을 따왔다. 란타넘족 15개 원소와 스칸듐, 이트륨을 함유한 광석이 발견된 이테르비 마을에는 원소 이름을 붙인 도로와 광산이 관광 명소로 자리 잡고 있다.

이터븀은 압력에 따라 전기 저항이 바뀌는 흥미로운 원소다. 이러한 특성 때문에 학계에서는 많은 관심을 보이며 끊임없이 연구를 진행하고 있다. 미래 기술에 활용될 가능성이 높다.

지진 감지

이터븀 역시 다른 희토류 원소들처럼 레이저, 합금, 광신호 증폭 등에 이용된다. 그리고 지진 감지 장치의 핵심 요소를 맡고 있다. 지진은 지각 변동 때문에 생긴 강한 충격과 진동, 압력이 빠르게 퍼지는 현상으로, 수많은 사람의 목숨을 위협하고 제반 시설을 파괴하는 천재

• 이터븀.

지변이다. 오늘날에는 압력에 따라 전기 저항이 바뀌는 이터븀의 특성을 활용해 땅속의 압력이 어떻게 변하는지 실시간으로 파악하며 재난에 대비하고 있다.

발견자	장 샤를 갈리사르 드 마리냐크 (Jean Charles Galissard de Marignac)			발견 연도	
				1878년	
어원	스웨덴 '이테르비(Ytterby)'				
특징	은백색의 금속으로, 압력에 따라 전기 저항이 변한다.				
사용 분야	레이저, 광신호 증폭, 엑스선 방출기, 지진 감지 등				
원자량	173.045 g/mol	밀도	6.90 g/cm^3	원자 반지름	2.26 Å

암세포를 찾아서 죽이다

란타넘족

루테튬(lutetium)은 희토류 중 가장 비싼 원소로, 금값의 5배가 넘는다. 그래서 제한적으로 사용되고 있다. 아주 적지만 우리 몸에도 있다.

루테튬은 양전자 단층 촬영(PET) 섬광체로 쓰인다. 양전자 단층 촬영 기술은 약간의 방사능을 내는 원소를 몸에 넣고 몸속 방사능 지도를 영상화해 암세포 위치를 찾아내는 분석법이고, 섬광체는 방사능을 만나 빛을 내는 물질이다. 루테튬을 이용하면 암세포를 죽일 수도 있다.

• 루테튬.

발견자	조르주 위르뱅(Georges Urbain), 찰스 제임스(Charles James)			발견 연도 1907년	
어원	프랑스 파리의 라틴어 이름 '루테시아(Lutetia)'				
특징	강도가 높은 은백색 금속이다. 방사성 붕괴를 한다.				
사용 분야	양전자 단층 촬영 조영제, 방사능 항암 치료제, 레이저 등				
원자량	174.967 g/mol	밀도	9.84 g/cm^3	원자 반지름	2.24 Å

89

악티늄

Ac

어둠 속의 푸른빛

악티늄족

모든 방사성 원소를 의료 분야에 사용할 수 있는 것은 아니다. 오래 노출되면 암을 유발하기 때문에 분해, 배출이 빠르고 비교적 안전하게 방사성 붕괴하는 원소여야 한다. 악티늄(actinium)은 이 조건을 모두 충족시킨다. 반감기가 10일 정도로 비교적 빠르게 붕괴해 안전한 형태로 바뀌고, 알파 입자를 방출하지만 아주 가까운 조직에만 영향을 미친다. 악티늄 항암 치료제 연구가 활발하게 이루어지고 있다.

• 악티늄이 함유된 섬우라늄석.

발견자	앙드레루이 드비에른 (André-Louis Debierne)			발견 연도	1899년
어원	'광선'을 뜻하는 그리스어 'actinos'				
특징	어둠 속에서 푸른빛을 내는 방사성 원소다.				
사용 분야	방사능 항암 치료제 등				
원자량	227 g/mol	밀도	10 g/cm³	원자 반지름	2.47 Å

차세대 핵연료

악티늄족

1994년 미국 미시건 주에 살던 소년 데이비드 찰스 한(David Charles Hahn)은 집 뒤뜰에 소형 원자로를 제작한다. 버너에서 추출한 토륨(thorium), 연기 감지기에서 추출한 아메리슘, 골동품 시계의 형광 바늘에서 추출한 라듐 등을 이용해 만든 것이다. 그리고 임계 상태(어떤 물질이나 현상이 변화하기 시작하는 상태)를 관찰할 목적으로 원자로를 작동시킨다. 그런데 엄청난 양의 방사능이 방출돼 도시 전체가 방사능에 오염되는 사고가 일어난다. 정부는 큰돈을 들여 방사능 정화 작업을 해야 했고, 개인이 원자로를 제작해 사용하는 것을 엄격하게 금지하는 하나의 계기가 된다.

원자력 자동차

이 '방사능 소년'이 버너에서 뽑아낸 토륨은 원자력 발전의 차세대 연료로 주목받고 있다. 오늘날 핵연료로 쓰고 있는 우라늄보다 매장량이 4배나 많고, 반감기도 길며, 에너지도 많이 발생시키기 때문이다. 기존의 원자력 발전소를 보완해서 쓰면 되므로 새로운 원자력 발전소를 지을 필요도 없다.

• 토륨을 핵연료로 써도 기존의 원자력 발전소를 사용할 수 있다.

최근에는 소형 토륨 원자로를 이용한 원자력 자동차 연구도 진행되고 있다. 연료를 한 번만 넣어도 100년 이상 주행할 수 있다는 토륨 원자력 자동차는 산업계의 관심도 끌고 있다. 하지만 사고로 토륨과 방사능이 유출되면 엄청난 재앙을 가져온다는 문제가 있어 실제로 상용화될지는 미지수다.

발견자	옌스 야코브 베르셀리우스 (Jöns Jacob Berzelius)			발견 연도	
				1829년	
어원	북유럽 신화에 나오는 전쟁의 신 '토르(Thor)'				
특징	은백색 금속으로, 반응성이 낮은 산화물이다. 방사성 붕괴를 한다.				
사용 분야	원자력 발전, 원자력 자동차, 우주선 합금, 버너 등				
원자량	232.038 g/mol	밀도	11.7 g/cm^3	원자 반지름	2.45 Å

악티늄의 기원

악티늄족

방사성 원소는 붕괴하면서 좀 더 안정한 다른 원소로 점차 변하며, 대부분은 납 상태로 변형이 끝난다. 프로탁티늄(protactinium)은 방사성 붕괴하는 동안 악티늄 상태를 거치는데, 그래서 '악티늄(actinium)'의 '기원(proto)'이라는 뜻의 이름이 붙었다.

프로탁티늄은 강한 방사능을 내뿜는 데다 존재량도 적어 산업에는 전혀 쓰이지 않는다. 지질, 해양의 나이를 측정하는 방사성 연대 측정법의 관찰 대상으로 꼽히는 등 오로지 연구 목적으로만 활용된다.

발견자	카지미에시 파얀스(Kazimierz Fajans), 오스발트 헬무트 괴링(Oswald Helmuth Göhring)				발견 연도 1913년
어원	'기원'을 뜻하는 그리스어 'protos'와 악티늄(actinium)				
특징	아주 강한 방사능을 내뿜는다. 지각에 매우 적은 양이 존재한다.				
사용 분야	연대 측정				
원자량	231.036 g/mol	밀도	15.4 g/cm^3	원자 반지름	2.43 Å

92

우라늄

U

재앙일까, 희망일까?

악티늄족

'우라늄(uranium)' 하면 방사능과 핵무기가 떠올라 막연한 두려움과 거리감이 느껴질지도 모른다. 그러나 우라늄은 온라인 쇼핑몰에서 살 수 있을 만큼 접근성이 높은 원소다. 우리나라는 농축 우라늄이 아닌 천연 우라늄의 경우 개인이 300g까지 가질 수 있도록 허용하고 있다. 먹거나 몸에 지니고 다니지 않는 이상 치명적인 피해를 입지 않는다.

전쟁 무기

우라늄 핵분열이 일어나면 연쇄 반응으로 질량이 손실되고 어마어마한 에너지가 발생한다. 이 에너지를 이용해 만든 무기가 원자 폭탄이다. 원자 폭탄의 위력은 다른 무기와 비교할 수 없을 정도로 강하다. 1945년 일본 히로시마에 투하된 원자 폭탄 '리틀 보이(Little Boy)'는

• 원자 폭탄 '리틀 보이'.

7만여 명의 목숨을 앗아 가는 비극을 남겼다. 오늘날에는 훨씬 강력한 핵폭탄들이 개발돼 여러 나라에 배치되어 있다.

우라늄을 농축한 뒤에 남는 열화우라늄도 무기를 만드는 데 사용된다. 이를 열화우라늄탄이라고 하는데, 장갑차를 뚫을 만큼 강력하다.

원자력 발전

우라늄은 원자력 발전의 주 연료다. 우라늄은 지각에 굉장히 많이 존재하지만 천연 상태로는 원자력 발전에 사용할 수 없다. 일정 농도 이상 농축해야 효과적인 핵분열을 일으키기 때문이다. 문제는 우라늄 농축 기술인데, 핵무기 제조에 쓰일 가능성이 있기 때문에 국제 사회는 우라늄 농축 설비 건설을 규제하고 있다. 우라늄 농축 설비가 없는 우리나라는 우라늄을 해외로 보내 농축한 뒤 돌려받아 재가공한다. 이러한 불편함을 해결하기 위해 저농축 우라늄을 사용하는 원자로 기술을 계속해서 연구하고 있다.

발견자	마르틴 하인리히 클라프로트 (Martin Heinrich Klaproth)			발견 연도	
				1789년	
어원	비슷한 시기에 발견된 '천왕성(Uranus)'				
특징	은색의 고체 금속이다.				
사용 분야	원자력 발전, 원자 폭탄, 탄환, 색유리 등				
원자량	238.029 g/mol	밀도	19.1 g/cm^3	원자 반지름	2.41 Å

우라늄 연료의 부산물

악티늄족

우라늄 다음의 원소들은 지구 나이보다 반감기가 훨씬 짧아 거의 다 사라져 버려 인공적으로 만들어 연구한 것들이다. 93번 넵투늄(neptunium)부터 118번 오가네손까지를 '초우라늄 원소'라고 부른다.

넵투늄은 우라늄 바로 다음 번호이기에 천왕성(Uranus) 다음 행성인 해왕성(Neptune)에서 이름을 따왔다. 매년 우라늄 연료를 이용한 원자력 발전의 부산물로 매우 많은 양의 넵투늄이 생성되지만, 원자력 전지에 쓰이는 플루토늄-238을 제조하는 데만 소량 활용되고 있다.

발견자	에드윈 매티슨 맥밀런(Edwin Mattison McMillan), 필립 에이블슨(Philip Abelson)			발견 연도	
				1940년	
어원	천왕성 다음 행성인 '해왕성(Neptune)'				
특징	은빛의 방사성 금속이다.				
사용 분야	플루토늄-238 제조				
원자량	237 g/mol	밀도	20.2 g/cm^3	원자 반지름	2.39 Å

오늘날의 핵폭탄

악티늄족

2차 세계대전은 1945년 일본 히로시마와 나가사키에 투하된 두 개의 핵폭탄으로 종결된다. 앞서 살펴본 것처럼 히로시마에 투하된 리틀 보이는 우라늄으로 만들어진 폭탄이고, 나가사키에 투하된 팻 맨(Fat Man)은 플루토늄(plutonium)으로 만든 폭탄이다. 플루토늄 폭탄이 훨씬 강한 위력을 보여 줬기에 이후 핵폭탄은 거의 다 플루토늄으로 만들어진다.

플루토늄 원자 폭탄의 원리는 매우 간단하다. 일정 질량 이상의 플루토늄을 한 덩어리로 모으면 핵분열이 걷잡을 수 없이 일어나며 엄청난 에너지를 방출한다. 그래서 플루토늄은 많은 양을 한 번에 보관하는 것이 금지되어 있다.

원자력 전지, 페이스 메이커

플루토늄-238은 원자력 전지의 재료로 사용된다. 플루토늄-238은 스스로 붕괴하며 열에너지를 계속 방출하는데, 이를 에너지원으로 활용하고 있다. 흥미로운 점은 우리가 흔히 가장 위험한 독성 물질이라고 생각하는 플루토늄이 사람 심장 박동을 조절하는 의료용 기기인

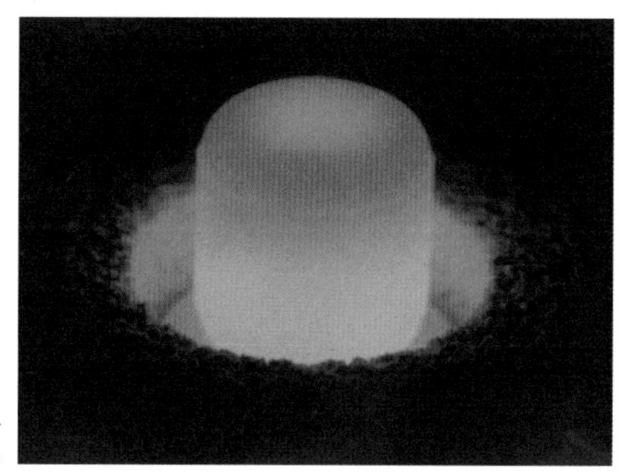

• 플루토늄-238은 스스로 붕괴해 열에너지를 방출한다.

페이스 메이커(pace-maker)에 사용된다는 것이다. 이로 인한 방사능 피폭이나 사망에 이른 경우는 보고된 바 없다. 순수한 플루토늄의 올바른 사용은 인간의 삶을 이롭게 한다.

발견자	글렌 시어도어 시보그 (Glenn Theodore Seaborg)			발견 연도 1940년	
어원	해왕성 다음 행성인 '명왕성(Pluto)'				
특징	은백색의 금속이다. 방사성 붕괴를 하는 맹독성 물질이다.				
사용 분야	핵폭탄, 원자력 전지, 페이스 메이커 등				
원자량	244 g/mol	밀도	19.7 g/cm^3	원자 반지름	2.43 Å

연기 감지기는 작동 중

악티늄족

세 번째 초우라늄 원소인 아메리슘(americium)은 의외로 우리 주위에서 널리 사용된다. 가장 대표적인 것이 연기 감지기다. 장치 안에는 아메리슘 방사성 붕괴로 방출된 알파 입자가 만드는 전류가 흐르는데, 장치 안으로 연기가 들어와 전류의 양이 변하면 경보음이 울린다. 과거에는 라듐을 비롯해 다른 금속 원소를 사용하기도 했지만 아메리슘이 가장 무해하고 효과적이라는 것이 밝혀져 이제는 모든 연기 감지기에 아메리슘을 사용하고 있다.

건물 천장에 붙은 연기 감지기를 보며 진짜 작동은 하는 건지 의심해 본 사람도 있을 것이다. 제대로 작동 중이니 걱정 말자.

발견자	글렌 시어도어 시보그(Glenn Theodore Seaborg)			발견 연도	1944년
어원	발견자의 조국 '미국(America)'				
특징	은백색의 무른 금속이다. 방사성 붕괴로 알파 입자를 생성한다.				
사용 분야	연기 감지기, 유리 두께 측정기 등				
원자량	243 g/mol	밀도	12 g/cm^3	원자 반지름	2.44 Å

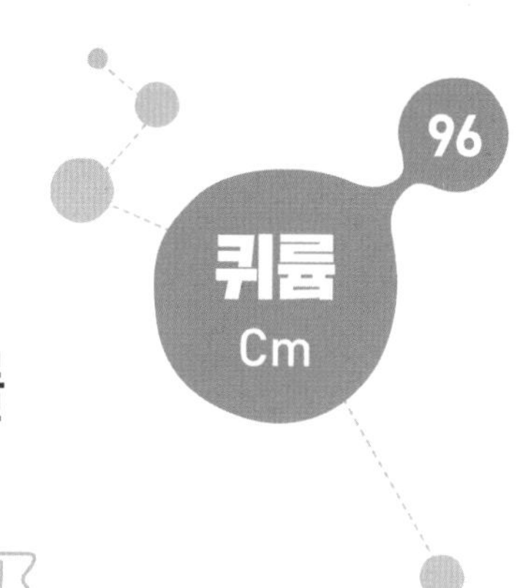

퀴리 부부를 기리다

악티늄족

퀴륨(curium)은 넵투늄과 플루토늄에 이어 세 번째로 발견된 방사성 인공 원소다. 최초로 방사성 원소를 발견한 퀴리 부부를 기리는 뜻에서 이름 지어졌다.

• 마리 퀴리(앞)와 피에르 퀴리(뒤).

퀴륨은 플루토늄만큼이나 강한 방사성 붕괴를 하는 위험한 원소로, 어둠 속에서 자주색 빛을 낸다. 과거에는 원자력 전지에 이용됐지만 이제는 더욱 안전하고 효과적인 방사성 원소들이 많이 발견되어 활용하지 않고 있다.

발견자	글렌 시어도어 시보그(Glenn Theodore Seaborg)			발견 연도	1944년
어원	최초로 방사성 원소를 발견한 '퀴리(Curie)' 부부				
특징	은백색 금속으로, 어두운 곳에서 자주색으로 빛난다.				
사용 분야	없음				
원자량	247 g/mol	밀도	13.51 g/cm^3	원자 반지름	2.450 Å

쓸모가 있을까?

악티늄족

미국 캘리포니아 대학 버클리 캠퍼스는 초우라늄 원소 발견에 가장 큰 성과를 거둔 곳이다. 수많은 초우라늄 원소가 이곳에서 발견되었고, 그중 97번 원소에는 버클륨(berkelium)이라는 이름이 붙었다.

버클륨은 합성하기도 어렵고 매우 강하게 방사성 붕괴하기 때문에 사용되는 곳이 없다. 버클륨뿐만 아니라 방사성 붕괴 원소들 모두 원자력 발전 연료로 활용될 가능성은 있지만 존재량, 생산 비용, 효율성 등을 고려할 때 현실화하기 어렵다.

발견자	스탠리 제럴드 톰슨(Stanley Gerald Thompson), 앨버트 기오르소(Albert Ghiorso), 글렌 시어도어 시보그(Glenn Theodore Seaborg)			발견 연도 1949년	
어원	버클륨이 처음 만들어진 미국 캘리포니아 대학 '버클리(Berkeley) 캠퍼스'				
특징	은백색의 방사성 금속이다.				
사용 분야	없음				
원자량	247 g/mol	밀도	14.78 g/cm^3	원자 반지름	2.44 Å

98
캘리포늄
Cf

세상에서 가장 비싼 물질

악티늄족

세상에서 가장 비싼 보석은 다이아몬드다. 그렇다면 세상에 존재하는 모든 원소 중 가장 비싼 것은 무엇일까? 바로 캘리포늄(californium)이다. 2012년 자료에 의하면 캘리포늄은 1g당 약 2700만 달러(약 300억 원)에 거래됐다. 다이아몬드보다 최소 500배 이상 비싼 값이다. 심지어 1990년대 후반 캘리포늄의 생산량이 저조했을 때는 1g당 1조 원이 넘었다고 한다.

중성자 항암 치료

캘리포늄은 방사성 붕괴로 알파 입자가 아닌 중성자를 방출하는데, 중성자는 몸을 투과하는 능력이 뛰어나 다른 방사성 요법으로 치료하기 힘든 뇌종양, 자궁경부암 등을 치료하는 데 효과적이다. 게다가 아주 적은 양의 캘리포늄으로도 효과를 낼 수 있다. 중성자 항암 치료 기술은 아직 임상 단계에 있으나 차세대 항암 치료법으로 자리매김할 가능성이 크다.

캘리포늄 방사성 붕괴로 방출되는 중성자는 우라늄에 충돌시켜 핵분열을 일으키는 첫 번째 중성자로도 이용된다. 투과력이 뛰어나기 때문에 땅이나 밀폐된 용기에 있는 금속, 지뢰 등을 탐지하는 데도 유용하다. 캘리포늄은 실제 사용되는 원소들 중 가장 높은 번호의 물질이다.

<table>
<tr><td rowspan="2">발견자</td><td colspan="4" rowspan="2">스탠리 제럴드 톰슨(Stanley Gerald Thompson),
앨버트 기오르소(Albert Ghiorso),
글렌 시어도어 시보그(Glenn Theodore Seaborg),
케네스 스트리트 주니어(Kenneth Street, Jr.)</td><td>발견 연도</td></tr>
<tr><td>1950년</td></tr>
<tr><td>어원</td><td colspan="5">캘리포늄이 처음 만들어진 미국 '캘리포니아(California) 주'</td></tr>
<tr><td>특징</td><td colspan="5">가장 비싼 금속이다. 중성자를 방출하며 방사성 붕괴를 한다.</td></tr>
<tr><td>사용 분야</td><td colspan="5">지뢰 탐지기, 중성자 항암 치료 등</td></tr>
<tr><td>원자량</td><td>251 g/mol</td><td>밀도</td><td>15.1 g/cm^3</td><td>원자 반지름</td><td>2.45 Å</td></tr>
</table>

99

아인슈타이늄

Es

아인슈타인을 기리다

악티늄족

• 앨버트 아인슈타인.

아인슈타인이라는 이름을 못 들어 본 사람은 아마 없을 것이다. 현대 이론 물리학에 수많은 업적을 남기고 원자 폭탄 연구에도 크게 기여한 물리학자다. 1952년 미국 수소 폭탄 실험의 낙진에서 검출된 99번 원소 아인슈타이늄(einsteinium)에는 이 과학자를 기리는 이름이 붙었다.

이 원소는 이미 모두 방사성 붕괴돼 자연계에서는 발견할 수 없다. 연구 외에는 이용되지 않는다.

발견자	앨버트 기오르소(Albert Ghiorso)			발견 연도	1952년
어원	물리학자 '앨버트 아인슈타인(Albert Einstein)'				
특징	반감기가 짧은 은백색 금속이다. 알파 입자를 방출하며 방사성 붕괴한다.				
사용 분야	없음				
원자량	252 g/mol	밀도	모름	원자 반지름	2.45 Å

핵분열로 얻는 마지막 원소

악티늄족

• 엔리코 페르미.

페르뮴(fermium)도 1952년 수소 폭탄 실험의 낙진에서 처음 발견된 방사성 원소다. 자연계에는 더 이상 존재하지 않는다. 양자역학과 통계역학 분야에 기여한 이탈리아의 물리학자 엔리코 페르미를 기리는 뜻에서 이름 지어졌다.

페르뮴은 핵분열로 얻을 수 있는 마지막 원소로, 이보다 원자 번호가 높은 원소들은 가속기로 충돌시켜야 간신히 얻을 수 있다. 페르뮴 역시 연구 외에는 사용되지 않는다.

발견자	앨버트 기오르소(Albert Ghiorso)			발견 연도	1953년
어원	핵물리학자 '엔리코 페르미(Enrico Fermi)'				
특징	빠르게 붕괴되는 방사성 금속 원소다.				
사용 분야	없음				
원자량	257 g/mol	밀도	모름	원자 반지름	2.45 Å

101

멘델레븀

Md

멘델레예프를 기리다

악티늄족

멘델레븀(mendelevium)은 주기율표의 아버지 드미트리 멘델레예프를 기리며 이름 지어진 원소다.

• 드미트리 멘델레예프.

얻을 수 있는 양이 너무 적고 그나마도 빠르게 붕괴하기 때문에 멘델레븀을 포함한 초우라늄 원소들은 연구 목적으로만 사용된다. 아무리 오랜 시간이 지나도 이 원소들을 실생활에 활용할 날은 오지 않을 것이다.

발견자	앨버트 기오르소(Albert Ghiorso)		발견 연도	1955년		
어원	주기율표 창시자 '드미트리 이바노비치 멘델레예프(Dmitri Ivanovich Mendeleev)'					
특징	주기율표에서 가속기로 얻는 첫 번째 원소다. 방사성 금속 원소로 추정된다.					
사용 분야	없음					
원자량	258 g/mol	밀도	모름	원자 반지름	2.46 Å	

노벨을 기리다

악티늄족

• 알프레드 노벨.

노벨륨(nobelium)은 다이너마이트를 발명하고 노벨 재단을 설립한 알프레드 노벨에게서 이름을 따온 원소다.

러시아 두브나 합동원자핵연구소는 노벨륨을 시작으로 수많은 인공 원소 발견해 냈다. 지구상에 없는 원소를 발견한다는 건 불확실한 가능성에 대한 도전이라는 점에서 중요한 의의를 가진다. 노벨륨 역시 연구 외에는 사용되지 않는다.

발견자	게오르기 플레로프(Georgy Flerov), 앨버트 기오르소(Albert Ghiorso)			발견 연도	
				1963년	
어원	화학자 '알프레드 노벨(Alfred Nobel)'				
특징	방사성 금속 원소로 추정된다.				
사용 분야	없음				
원자량	259 g/mol	밀도	모름	원자 반지름	2.46 Å

로런스를 기리다

악티늄족

• 어니스트 올랜도 로런스.

악티늄족 마지막 원소 로렌슘(lawrencium)은 물리학자 어니스트 올랜도 로런스를 기리며 이름 지어진 원소다. 로런스가 원소 연구에 미친 영향은 엄청나다. 수많은 인공 원소를 만들어 낸 원형 입자가속기 사이클로트론을 발명했기 때문이다. 로런스는 그 공로를 인정받아 1939년 노벨 물리학상을 수상했다. 로렌슘 역시 연구 외에는 사용된 사례가 없다.

<table>
<tr><td rowspan="2">발견자</td><td colspan="4" rowspan="2">게오르기 플레로프(Georgy Flerov),
앨버트 기오르소(Albert Ghiorso)</td><td>발견 연도</td></tr>
<tr><td>1965년</td></tr>
<tr><td>어원</td><td colspan="5">물리학자 '어니스트 올랜도 로런스(Ernest Orlando Lawrence)'</td></tr>
<tr><td>특징</td><td colspan="5">방사성 금속 원소로 추정된다.</td></tr>
<tr><td>사용 분야</td><td colspan="5">없음</td></tr>
<tr><td>원자량</td><td>262 g/mol</td><td>밀도</td><td>모름</td><td>원자 반지름</td><td>2.46 Å</td></tr>
</table>

지금까지 살펴본 118개 원소 중에는 기원전에 발견돼 지금까지 사용되고 있는 원소도 있고, 최근 발견돼 어디에도 사용되지 못하고 있는 원소도 있다. 그러나 이 모든 원소에는 공통점이 있다. 수많은 과학자의 시간과 노력, 죽음을 불사한 열정이 담겨 있다는 것이다.

아주 먼 옛날, 단 하나의 원소도 존재를 드러내지 않은 시절도 있었을 것이다. 그러나 인류는 이 세상을 구성하고 있는 물질이 무엇인지, 어떤 특징을 갖는지, 어떻게 쓸 수 있는지 끊임없이 탐구했고, 오늘날 원소 118개의 존재를 파악하는 데 이른다. 그리고 연구는 지금 이 순간에도 계속되고 있다. 이 모든 연구가 미래의 우리 삶을 어떻게 바꿀지는 아무도 모른다. 확실한 것은 지금까지 그랬듯 앞으로도 원소가 세상을 바꿔 나갈 것이라는 사실이다.

참고문헌

- Bunpei Yorifuji, "Wonderful life with the elements: the periodic table personified", No Starch Press, Inc., 2012.
- Hans—Jürgen Quadbeck—Seeger, "The periodic table through history", Vch Verlagsgesellschaft Mbh, 2007.
- Hugh Aldersey—Williams, "Periodic tales: a cultural history of the elements, from Arsenic to Zinc", HarperCollins, 2012.
- Monica Halka and Brian Nordstrom, "Lanthanides and Actinides", Facts on file, 2010.
- Monica Halka and Brian Nordstrom, "Metals and Metalloids", Facts on file, 2010.
- Monica Halka and Brian Nordstrom, "Transition Metals", Facts on file, 2010.
- Stepan N. Kalmykov and Melissa A. Denecke, "Actinide nanoparticle research", Springer Verlag, 2011.
- Suzanne Slade, "Elements and the periodic table", Rosen Classroom, 2007.
- 샘 킨, 《사라진 스푼》, 이충호 옮김, 해나무, 2011.
- 시어도어 그레이, 《세상의 모든 원소 118》, 꿈꾸는과학 옮김, 영림카디널, 2012.

사진출처

33쪽	https://commons.wikimedia.org/w/index.php?curid=19280560
35쪽	https://commons.wikimedia.org/w/index.php?curid=3215855
37쪽	https://commons.wikimedia.org/w/index.php?curid=15360049
38쪽	https://commons.wikimedia.org/w/index.php?curid=30090201
41쪽	https://commons.wikimedia.org/w/index.php?curid=3213111
43쪽	https://commons.wikimedia.org/w/index.php?curid=3254245
44쪽	https://commons.wikimedia.org/w/index.php?curid=25359647
46쪽	https://commons.wikimedia.org/w/index.php?curid=3999029
49쪽	https://commons.wikimedia.org/w/index.php?curid=28258775
51쪽	https://commons.wikimedia.org/w/index.php?curid=3017081
53쪽	https://commons.wikimedia.org/w/index.php?curid=1757375
55쪽	https://commons.wikimedia.org/w/index.php?curid=1761660
56쪽	https://commons.wikimedia.org/w/index.php?curid=11935327
59쪽 위	https://commons.wikimedia.org/w/index.php?curid=1757224
59쪽 아래	https://commons.wikimedia.org/w/index.php?curid=26525379
63쪽	https://commons.wikimedia.org/w/index.php?curid=9502836
64쪽	https://commons.wikimedia.org/w/index.php?curid=23683192
66쪽	https://commons.wikimedia.org/w/index.php?curid=9084427
67쪽	https://commons.wikimedia.org/w/index.php?curid=8221574
70쪽	https://commons.wikimedia.org/w/index.php?curid=22415777
72쪽	https://commons.wikimedia.org/w/index.php?curid=7576453
73쪽	https://commons.wikimedia.org/w/index.php?curid=4958321
76쪽	https://commons.wikimedia.org/w/index.php?curid=28869959
79쪽	https://commons.wikimedia.org/w/index.php?curid=45131945
80쪽 왼쪽	https://commons.wikimedia.org/w/index.php?curid=2441459
80쪽 오른쪽	https://www.flickr.com/photos/ajc1/13560499845/in/photostream/
81쪽	https://commons.wikimedia.org/w/index.php?curid=24562739
82쪽	https://commons.wikimedia.org/w/index.php?curid=2945347
83쪽	https://commons.wikimedia.org/w/index.php?curid=4895323
85쪽	https://commons.wikimedia.org/w/index.php?curid=8165609
86쪽	https://commons.wikimedia.org/w/index.php?curid=42529066
89쪽	https://commons.wikimedia.org/w/index.php?curid=832223

91쪽 https://commons.wikimedia.org/w/index.php?curid=28869992
92쪽 https://commons.wikimedia.org/w/index.php?curid=599629
93쪽 http://clickeaprenda.uol.com.br/portal/mostrarConteudo.php?idPagina=27464
97쪽 https://www.flickr.com/photos/mike_miley/8088540888
99쪽 https://commons.wikimedia.org/w/index.php?curid=15359897
100쪽 https://commons.wikimedia.org/w/index.php?curid=14856340
102쪽 https://commons.wikimedia.org/w/index.php?curid=10420298
103쪽 https://commons.wikimedia.org/w/index.php?curid=44702151
105쪽 https://commons.wikimedia.org/w/index.php?curid=1535799
107쪽 https://commons.wikimedia.org/w/index.php?curid=9439104
110쪽 https://commons.wikimedia.org/w/index.php?curid=35816739
113쪽 https://commons.wikimedia.org/w/index.php?curid=43894484
116쪽 https://commons.wikimedia.org/w/index.php?curid=18666277
119쪽 https://commons.wikimedia.org/w/index.php?curid=32927144
121쪽 https://commons.wikimedia.org/w/index.php?curid=497242
124쪽 https://pixabay.com/ko/%EC%9C%84%EC%84%B1-%EA%B0%88%EB%A6%B4%EB%A0%88%EC%98%A4-%EA%B3%B5%EA%B0%84-%EA%B6%A4%EB%8F%84-%EC%8A%A4%ED%83%80%EA%B8%80%EB%A1%9C%EB%B8%8C-%D%95%B4%EB%8F%8B%EC%9D%B4-%EC%86%8C%EA%B0%9C-1761935/
128쪽 https://commons.wikimedia.org/w/index.php?curid=48101942
133쪽 https://commons.wikimedia.org/w/index.php?curid=28654823
134쪽 https://commons.wikimedia.org/w/index.php?curid=50251823
136쪽 https://commons.wikimedia.org/w/index.php?curid=6199423
140쪽 https://pixabay.com/ko/%EB%B9%84%ED%96%89%EC%84%A0-%ED%95%98%EB%8A%98-%EC%B2%B4%ED%8E%A0%EB%A6%B0%ED%98%95-%EB%B9%84%ED%96%89%EC%84%A0-%ED%99%94%EB%A0%A4%ED%95%9C-%ED%94%8C-%EB%A1%9C%ED%8A%B8-%ED%8C%8C%EB%A6%AC-%EB%B9%84%ED%96%89-1715460/
142쪽 http://www.publicdomainpictures.net/view-image.php?image=90472&picture=neon-open-sign
146쪽 https://commons.wikimedia.org/w/index.php?curid=10987097

148쪽 https://commons.wikimedia.org/w/index.php?curid=26231484
150쪽 https://commons.wikimedia.org/w/index.php?curid=20155610
152쪽 https://www.flickr.com/photos/martinluff/5471663273
158쪽 https://commons.wikimedia.org/w/index.php?curid=52765576
161쪽 https://commons.wikimedia.org/w/index.php?curid=28845798
163쪽 https://commons.wikimedia.org/w/index.php?curid=51397234
166쪽 https://www.flickr.com/photos/mauroescritor/6358584031
167쪽 https://commons.wikimedia.org/w/index.php?curid=2568393
171쪽 https://commons.wikimedia.org/w/index.php?curid=18253247
173쪽 https://commons.wikimedia.org/w/index.php?curid=28591514
174쪽 https://commons.wikimedia.org/w/index.php?curid=3378694
176쪽 https://commons.wikimedia.org/w/index.php?curid=28869571
181쪽 https://commons.wikimedia.org/w/index.php?curid=6840180
182쪽 https://commons.wikimedia.org/w/index.php?curid=7260126
184쪽 https://commons.wikimedia.org/w/index.php?curid=4282516
186쪽 https://commons.wikimedia.org/w/index.php?curid=1390573
189쪽 https://commons.wikimedia.org/w/index.php?curid=1345805
191쪽 https://commons.wikimedia.org/w/index.php?curid=8398577
194쪽 https://commons.wikimedia.org/w/index.php?curid=28869721
197쪽 https://commons.wikimedia.org/w/index.php?curid=6654398
199쪽 https://commons.wikimedia.org/w/index.php?curid=28847083
201쪽 https://commons.wikimedia.org/w/index.php?curid=9774411
205쪽 https://commons.wikimedia.org/w/index.php?curid=9083858
207쪽 https://commons.wikimedia.org/w/index.php?curid=28857701
210쪽 https://commons.wikimedia.org/w/index.php?curid=2721652
211쪽 https://commons.wikimedia.org/w/index.php?curid=22190114
212쪽 https://www.flickr.com/photos/jsjgeology/26055013216
214쪽 https://commons.wikimedia.org/w/index.php?curid=28857836
216쪽 https://commons.wikimedia.org/w/index.php?curid=9774375
219쪽 https://www.flickr.com/photos/jsjgeology/17127538489
221쪽 https://www.flickr.com/photos/105572614@N04/10304285224
224쪽 https://commons.wikimedia.org/w/index.php?curid=10170533

226쪽 https://commons.wikimedia.org/w/index.php?curid=44026637

227쪽 https://commons.wikimedia.org/w/index.php?curid=28654160

229쪽 https://commons.wikimedia.org/w/index.php?curid=28858258

231쪽 https://commons.wikimedia.org/w/index.php?curid=4972709

233쪽 https://commons.wikimedia.org/w/index.php?curid=37546684

238쪽 https://commons.wikimedia.org/w/index.php?curid=15359545

239쪽 https://commons.wikimedia.org/w/index.php?curid=8165692

240쪽 https://commons.wikimedia.org/w/index.php?curid=28868964

242쪽 https://commons.wikimedia.org/w/index.php?curid=20764439

247쪽 https://commons.wikimedia.org/w/index.php?curid=10137938

248쪽 https://commons.wikimedia.org/w/index.php?curid=15356610

250쪽 https://commons.wikimedia.org/w/index.php?curid=6840240

252쪽 https://commons.wikimedia.org/w/index.php?curid=15360147

253쪽 https://commons.wikimedia.org/w/index.php?curid=4918787

254쪽 https://commons.wikimedia.org/w/index.php?curid=28869241

255쪽 https://commons.wikimedia.org/w/index.php?curid=28869287

256쪽 https://commons.wikimedia.org/w/index.php?curid=28869346

257쪽 https://commons.wikimedia.org/w/index.php?curid=28869366

258쪽 https://commons.wikimedia.org/w/index.php?curid=28869427

260쪽 https://commons.wikimedia.org/w/index.php?curid=7917186

261쪽 https://commons.wikimedia.org/w/index.php?curid=10476288

263쪽 https://commons.wikimedia.org/w/index.php?curid=24387010

265쪽 https://commons.wikimedia.org/w/index.php?curid=261085

269쪽 https://commons.wikimedia.org/w/index.php?curid=1034533

271쪽 https://commons.wikimedia.org/w/index.php?curid=35860491

275쪽 https://commons.wikimedia.org/w/index.php?curid=183929

276쪽 https://commons.wikimedia.org/w/index.php?curid=36071924

277쪽 https://commons.wikimedia.org/w/index.php?curid=18225740

278쪽 https://commons.wikimedia.org/w/index.php?curid=12199387

279쪽 https://commons.wikimedia.org/w/index.php?curid=6186577

찾아보기

ㄷ

ㄹ

ㅅ

ㅇ

ㅈ

다른 포스트

뉴스레터 구독

일상 속 흥미진진한 화학 이야기

원소가 뭐길래

초판 1쇄 2017년 2월 24일
초판 11쇄 2024년 1월 22일

지은이 장홍제

펴낸이 김한청
기획편집 원경은 차언조 양희우 유자영
마케팅 현승원
디자인 이성아 박다애
운영 설채린

펴낸곳 도서출판 다른
출판등록 2004년 9월 2일 제2013-000194호
주소 서울시 마포구 동교로 27길 3-10 희경빌딩 4층
전화 02-3143-6478 **팩스** 02-3143-6479 **이메일** khc15968@hanmail.net
블로그 blog.naver.com/darun_pub **인스타그램** @darunpublishers

ISBN 979-11-5633-148-3 43430

다른
다른 생각이
다른 세상을 만듭니다